BIEN CONTRÔLER
SON POIDS

PAR UNE BONNE ALIMENTATION

C.P. 325, Succursale Rosemont
Montréal (Québec), Canada H1X 3B8
Téléphone: (514) 522-2244
Internet: www.edimag.com
Courrier électronique: info@edimag.com

Éditeur: Pierre Nadeau

Dépôt légal: quatrième trimestre 2005
Bibliothèque nationale du Québec
Bibliothèque nationale du Canada

© 2005, Édimag inc.
Tous droits réservés pour tous pays.
ISBN: 2-89542-154-4

Tous droits réservés. Imprimé au Canada. Aucune section de cet
ouvrage ne peut être reproduite, mémorisée dans un système central
ou transmise par quelque procédé, électronique, mécanique, photo-
copie, enregistrement ou autre, sans la permission écrite de l'éditeur.

Québec ⬛⬛

Canadä

L'éditeur bénéficie du soutien de la Société de développement des
entreprises culturelles du Québec pour son programme d'édition.

Nous reconnaissons l'aide financière du gouvernement du
Canada par l'entremise du Programme d'aide au développement
de l'Industrie de l'édition (PADIÉ) pour nos activités d'édition.

Louise CHAGNON

BIEN CONTRÔLER SON POIDS
PAR UNE BONNE ALIMENTATION

Cholestérol • Calories
Protéines • Gras trans

EDIMAG
PRÈS DU PUBLIC

NE JETEZ JAMAIS UN LIVRE
La vie d'un livre commence à partir du moment où un arbre prend racine. Si vous ne désirez plus conserver ce livre, donnez-le. Il pourra ainsi prendre racine chez un autre lecteur.

DISTRIBUTEURS EXCLUSIFS

Pour le Canada et les États-Unis
LES MESSAGERIES ADP
2315, rue de la Province
Longueuil (Québec) CANADA   J4G 1G4
Téléphone: (450) 640-1234   Télécopieur: (450) 674-6237

Pour la Suisse
TRANSAT DIFFUSION
Case postale 3625
1 211 Genève 3   SUISSE
Téléphone: (41-22) 342-77-40 / Télécopieur: (41-22) 343-46-46
Courriel: transat-diff@slatkine.com

Pour la France et la Belgique
DISTRIBUTION DU NOUVEAU MONDE (DNM)
30, rue Gay-Lussac
75005 Paris   FRANCE
Téléphone: (1) 43 54 49 02 / Télécopieur: (1) 43 54 39 15
Courriel: liquebec@noos.fr

Table des matières

Nourriture, source de vie
et de bien-être 9

Connaître ce que nous mangeons 15

De quoi avons-nous besoin 18

Les protéines 18

Le lipides 19

Saturés, mono-insaturés
et poly-insaturés 21

Les gras trans 21

Le cholestérol 22

Les calories 23

Les hydrates de carbone
(glucides) 25

Abréviations et informations
concernant les tables 26

Tables

A 29

B 31

C 35

D-E 46

F 47

G 50

H 53

J-K 54

L 56

M-N 57

O-P 60

Q-R 69

S 71

T 78

V-W-Z 83

Tableau des acides gras
dans les aliments..............................85

Ressources en alimentation 109

À mes parents qui ont su m'enseigner,
dès mon plus jeune âge,
le goût de bien manger
pour être en bonne santé.

Nourriture, source de vie et de bien-être

Pouvons-nous être différents
de ce que nous mangeons?

Dites-moi ce que vous mangez
et je vous dirai qui vous êtes.

À notre époque où les systèmes de santé publique et la médecine déploient des efforts gigantesques pour tenter de remettre en santé les populations, où remplacer des cœurs, des poumons, des reins sont des opérations routinières, où les cellules, l'ADN et la génétique livrent les secrets les plus intimes de notre biologie, il est tout à fait étrange de constater le peu d'intérêt de la population sur les effets néfastes sur notre santé d'une alimentation déficiente.

Bien sûr, certains personnes connaissent combien nous avons besoin de calories pour fonctionner normalement, combien de grammes de protéines sont nécessaires quotidiennement, quels aliments contiennent du cholestérol, bon et mauvais, mais peu d'information circule tout de même sur la qualité des aliments. Les plus grands efforts de sensibilisation pour promouvoir une alimentation saine viennent de mouvements marginaux, mais qui, avec le temps créent un effet d'entraînement. C'est à la suite de ce type d'engouement que «l'industrie de la santé et de l'alimentation» finit par réagir.

Il y a un peu moins d'une trentaine d'année, je faisais partie des rares spécimens qui parlaient de l'agriculture biologique. On nous trouvait, à cette époque tellement loufoques. Nous étions vus comme de véritables extraterrestres, des hurluberlus qui venaient affirmer que l'avenir de l'agriculture et, surtout, de la bonne santé ne pouvaient passer par les cultures intensives stimulées par des masses d'engrais chimiques, de pesticides et d'herbicides. Nous étions vus comme des «granolas» nostalgiques.

Aujourd'hui, après tous les efforts que des individus et des groupes marginaux ont investis pour sensibiliser la population, on peut trouver de nombreux produits issus de l'agriculture biologique sur les tablettes des supermarchés. Alors qu'à l'époque, le seul fait d'entendre prononcer les mots «agriculture biologique» sans être accompagné par une pointe d'ironie dans un reportage à la télévision suscitait des espoirs, aujourd'hui, le ministère de l'Agriculture accorde des subventions aux producteurs qui veulent transformer leurs cultures traditionnelles en cultures biologiques. Tout un revirement de situation.

Tout cela pour démontrer à quel point il est important, en tant que citoyen, de se battre pour faire avancer ce en quoi nous croyons. Aujourd'hui, une partie importante des efforts consacrés à la sensibilisation doit être dirigée pour mieux faire connaître les effets dévastateurs d'une alimentation trop riche, trop grasse et trop peu variée, sur la qualité de vie de presque tous les peuples. Mondialisation oblige.

Nous devons nous renseigner et faire les changements qui s'imposent pour conserver ou retrouver la santé en consommant des aliments sains et non dangereux pour notre santé et pour l'environnement.

L'urgence d'agir se fait de plus en plus pressante lorsque nous constatons les niveaux d'obésité, de maladies du cœur et de diabète qui affectent la population. En France, le degré de surcharge pondérale (de surpoids) est passé de 20% à 40% de la population en 15 ans. Au Canada, ce taux est de 37%, alors qu'il était de 16% il y a à peine 30 ans. Aux États-Unis d'Amérique, royaume du fast-food, les conséquences directes de l'obésité sont devenues la première cause de mortalité.

Toutefois, pour changer, il faut mieux connaître ce que nous mangeons et il faut surtout développer une sensibilité à ce que peut causer l'ingestion d'une nourriture malsaine dans notre corps. Beaucoup de gens font plus attention à la façon dont ils entretiennent leur voiture que ce qu'ils peuvent faire pour leur propre corps. L'alimentation est notre carburant et nous devons donner ce qu'il y a de mieux à cette merveilleuse mécanique sophistiquée qu'est notre corps.

Encore une fois, tout cela pour dire que la meilleure façon d'adopter de saines habitudes alimentaires, c'est de trouver le plus d'informations possibles tout en se servant de notre jugement. À la fin de ce livre, vous trouverez une section où sont énumérées quelques bonnes sources d'informations.

Comme le dit l'adage: savoir, c'est pouvoir. En s'assurant de connaître ce que nous mangeons, nous pouvons agir sur notre santé.

Connaître
ce que nous mangeons

«Que ta nourriture soit ton médicament et que ton médicament soit dans ta nourriture. »

Hippocrate, père de la médecine
(460 à 377 avant J.C.)

A vant tout, il faut s'interroger sur les habitudes alimentaires que nous adoptons. Est-ce qu'elles sont aussi pratiques que nous le pensons? Sont-elles économiques ou trop dispendieuses? Il est important d'établir un portrait fidèle de notre situation. Un jour, une mère de famille m'a demandé: «Comment pourrais-je faire pour acheter des aliments de meilleure qualité? J'ai de la difficulté à joindre les deux bouts.» Voulant en savoir plus que ce qu'elle m'énonçait ainsi, je me suis déplacée avec elle un jour de marché. Quels aliments prenaient place dans son panier d'épicerie? Des aliments surgelés en portions individuelles, de petits contenants de jus de fruits, des fruits d'importation (alors que nous étions en plein été), etc.

Je lui ai fait remarquer l'incohérance de ses choix. En substituant des produits pour cuisiner à ceux tout préparer en portion individuelle, sa facture avait diminué de 35% avec, de surcroît, une plus grande qualité.

De retour à la maison, j'ai pris la peine de chercher avec cette mère des recettes simples et rapides à préparer pour nourrir convenablement sa famille. Des façons de faire précieuses et économiques qui sont en train de se perdre. Tout doit être prêt rapidement et nous consommons de la mauvaise manière et beaucoup plus que nécessaire.

Le but de ce petit guide n'est pas de vous faire connaître des recettes, d'autres livres sont publiés avec cet objectif. Ce qui me motive à écrire ce livre est plutôt de vous fournir un outil pour connaître véritablement les aliments que vous mangez et de les choisir mieux.

Si une envie de boissons gazeuses et de croustilles vous tenaille, vous serez en mesure de mieux savoir ce que vous allez vraiment manger: combien de cholestérol, de calories, etc. Ce qui pourrait peut-être avoir un effet dissuasif à certains moments.

DE QUOI AVONS-NOUS BESOIN?

Tout ce que nous mangeons est composé d'éléments nutritifs: protéines, calories, cholestérol, vitamines, glucides, minéraux, etc. Tous les aliments ne contiennent pas tous ces éléments, de là l'importance de varier ses menus afin d'avoir une alimentation équilibrée. Mais il ne suffit pas de varier les aliments, il faut aussi que le choix que nous faisons regroupe les grandes familles d'aliments: viandes et substituts, produits laitiers, fruits et légumes, produits céréaliers.

LES PROTÉINES

À la base de toute construction et reconstruction de tissus (peau, os, muscles, cartilages, etc.), il y a les protéines. Ces éléments indispensables sont eux-mêmes composés d'acides aminés. Les aliments qui en contiennent sont appelés les protides: viandes, poissons, oeufs, fromages, légumineuses, céréales, noix. Les carences en protéines peuvent amener des troubles comme de la fatigue, de l'hypotension, carence immunitaire. Pour connaître la quantité de protéines nécessaires dans une journée, différentes approches existent, mais le calcul 1 gramme de protéines pour 1 kilo de poids corporel est à retenir. Il faut aussi s'assurer de varier et d'associer les sources de protéines.

LES LIPIDES

Nous trouvons les lipides dans toutes les huiles, les matières grasses, le beurre, les oeufs, la viande, le lait, les fromages, les noix. Très caloriques (9 calories par gramme de lipides comparativement à 4 calories par gramme de protéines et de glucides), les lipides sont accusés de bien des maux. Pourtant, ils sont essentiels au bon fonctionnement de notre organisme. Si vous respectez certains principes, vous en retirerez des bienfaits: consommez quotidiennement une petite quantité d'huile d'olive et d'huile de sésame crues et vierges; ne pas utiliser de beurre pour les cuissons, mais plutôt de l'huile d'arachide ou d'olive; assurer un apport quotidien en oméga-3 (poissons ou huile de poisson); évitez tous les aliments contenant des gras trans.

Pour calculer l'apport de gras qu'il vous faut, calculez que 30% des calories dont vous avez besoin doivent provenir des acides gras. Si vous avez besoin de 1500 calories par jour, environ 450 proviendront des gras. Rappelons-nous que dans 1 gramme de gras, il y a 9 calories. Donc, 450 calories feront 50 grammes de gras. Référez-vous au tableau sur les gras à la fin du livre pour identifier les aliments en contenant.

Saturés, mono-insaturés et poly-insaturés

Il y a trois sortes de gras: les gras saturés, les gras mono-insaturés et les gras poly-insaturés. Ils sont actifs au niveau du stockage d'énergie ainsi qu'au niveau cellulaire. La «peau» des cellules, appelée membrane cytoplasmique est composée de deux couches de gras mono et polyinsaturés dont la stabilité est assurée par les gras saturés, qui ont aussi un rôle important à jouer dans la construction des os.

Les gras trans

Lorsque vous faites votre marché, consultez les listes d'ingrédients. Souvent vous trouverez les mentions «huile hydrogénée» ou «shortening». Si vous le pouvez, évitez les produits qui en contiennent. Ces gras sont des gras végétaux qui ont été transformés chimiquement pour devenir très stables. Ils ne rancissent pas. Il s'agit d'un ingrédient très pratique pour conserver longtemps des produits comme les biscuits, les chips, la margarine, les préparations de bouillon et de soupe, les biscottes, etc. Je ne saurais trop insister sur l'importance d'éviter la consommation de gras trans. Il sont nocifs, en particulier pour le système cardio-vasculaire et pour le cerveau.

Le cholestérol

Lorsque le taux de cholestérol sanguin est trop élevé, il y a danger pour vos artères. Le cholestérol colle aux parois des vaisseaux sanguins et augmente le risque de maladies cardio-vasculaires. Il est important de consommer certains aliments qui peuvent contenir du cholestérol, mais qui contiennent aussi des éléments qui aideront à baisser votre taux de cholestérol sanguin. Exemple: le poisson autant de cholestérol que la viande, par contre, sa grande teneur en acides gras poly-insaturés jouera un rôle bienfaiteur, de même que les oeufs, dont le jaune cru contient une forte teneur en lécithine, réputée régulariser le taux de cholestérol. À l'opposé, le chocolat ne contient pas de cholestérol, mais il contribuera à son augmentation parce qu'il favorisera une prise de poids. Les aliments qu'il faut éviter, c'est le beurre, les charcuteries, la crème, les fromages gras, les viandes avec sauce et la peau de volaille. Les habitudes de vie peuvent aussi favoriser un haut taux de cholestérol. Il faut éviter la sédentarité, le tabagisme, les collations entre les repas et dans la soirée. Vous rajouterez des années à votre vie et de la vie à vos années.

LES CALORIES

Tous les aliments ont une valeur calorique, c'est à dire qu'ils transfèrent un apport énergétique à notre corps lorsque nous les absorbons. Tout apport de calories est susceptible de faire prendre du poids (en général: 3500 calories non brûlées feront prendre 1 livre de poids corporel). Par contre, il existe des calories qui sont nutritives et d'autres qui sont appelées «vides», comme les chips, les pâtisseries, les boissons gazeuses, les friandises. Pour conserver une bonne santé, il vaut mieux éviter ces produits. Il est important de savoir que les besoins quotidiens en calories varient grandement selon l'âge, le sexe et les habitudes de vie. Si vous êtes un homme et que vous pratiquez de l'activité physique de façon intensive, votre besoin sera différent si vous ne faites aucun sport. Il n'y a pas de recettes miracles pour évaluer en un clin d'œil son propre besoin en calories. Il faut plutôt connaître la teneur calorique de ce que l'on mange et observer ses réactions corporelles, car nous sommes tous différents. Je suis mince et je partage les mêmes habitudes de vie et alimentaires que mon voisin, pourtant il pèse plus que moi.

Les indications de ce guide vous seront très précieuses dans cette démarche.

LES HYDRATES DE CARBONE (GLUCIDES)

Divisés en deux groupes, les sucres et les amidons, les glucides ont un apport énergétique important et participent activement à l'assimilation des graisses et des protéines et à leur métabolisation. De nombreuses personnes qui désirent perdre du poids bannissent les hydrates de carbone de leur régime. Il s'agit d'une grave erreur. Il faut plutôt les choisir avec soin et privilégier des aliments contenant aussi des protéines, des lipides et évitez ceux trop élevés en énergies vides: pâtisseries, etc.

ABRÉVIATIONS ET INFORMATIONS
concernant les tables de calories, cholestérol, protéines et hydrates de carbone

1ère colonne: CAL = Calories
2e colonne: CHOL= Cholestérol
3e colonne: PRO = Protéines
4e colonne: H.C. = Hydrates de
                                        carbone
1 portion   = 4 onces ou
                      120 grammes
                      (approx.)
30 grammes = 1 once (approx.)
30 mililitres = 1 once liquide (approx.)
T   = signifie que l'aliment
                      contient des traces de
                      l'élément
1 c. à table = 15 ml
1 tasse   = 240 ml
1 c. à thé   = 5 ml
1/2 tasse   = 120 ml

AVIS: Le meilleur moyen de s'assurer une bonne compréhension des tables de Calories, Cholestérol, Protéines et Hydrates de carbone consiste à bien examiner les autres parties de ce guide.

NOTE: Bien que les évaluations indiquées dans les tables des pages suivantes soient assez exactes, il ne faut pas oublier qu'il est pratiquement impossible d'établir des tables qui soient absolument précises. La raison en est qu'il existe tant de facteurs qui peuvent influencer l'évaluation d'un aliment en divers éléments qu'il renferme: le mode de préparation, le degré des divers ingrédients utilisés, la cuisson, ce ne sont là que quelques-uns des facteurs qui rendent pratiquement impossible la compilation de tables qui soient absolument parfaites. Mais dans l'ensemble, on peut prétendre que les tables suivantes correspondent assez bien avec la réalité, étant donné le fait que leurs diverses sources peuvent être considérées comme étant dignes de confiance.

	CAL	CHOL	PRO	H.C.

A

	CAL	CHOL	PRO	H.C.
Abaisse de tarte faite de chapelures Graham *(1 abaisse)*	450	0	4	64
Abricots *(5 moyens)*	100	0	t	22
Abricots en conserves avec sirop *(3 demis)*	52	0	t	20
Abricots en conserves sans sirop *(3 demis)*	30	0	t	10
Abricots secs *(5 petites moitiés)*	60	0	1	13
Abricots surgelés sucrés *(1 portion)*	110	0	t	26
Agneau au curry *(1 portion)*	440	160	20	7
Aiglefin grillé *(1 portion)*	180	75	20	0
Aiglefin frit *(1 portion)*	252	75	23	6
Aiglefin fumé *(1 portion)*	120	75	26	0
Ail *(1 gousse)*	5	0	1	t
Amandes décortiquées *(12 moyennes)*	100	0	3	3
Amandes enrobées de chocolat *(30 gr)*	160	0	3	14
Amandes salées *(12 moyennes)*	100	0	3	3
Ananas broyés *(1/2 tasse)*	150	0	5	15
Ananas en conserve *(1 tranche)*	50	0	t	12

	CAL	CHOL	PRO	H.C.
Ananas en conserve, hachés *(1/2 tasse)*	150	0	5	15
Ananas frais en cubes *(1 tasse)*	75	0	1	19
Ananas surgelé *(1 portion)*	100	0	t	26
Anchois *(6)*	50	20	5	t
Anchois en conserve *(60 gr)*	100	40	11	t
Anguille crue *(1 portion)*	260	115	18	0
Anguille fumée *(1 portion)*	365	160	21	0
Anis *(1/8 c. à table)*	0	0	0	0
Arachides *(10)*	175	t	6	3
Arrow-root *(1c. à table)*	32	0	t	10
Artichaut *(1 moyen)*	50	0	2	10
Artichaut à la française *(1 gros)*	70	0	3	14
Asperges *(12)*	25	0	3	4
Asperges avec vinaigrette *(1 portion)*	175	0	4	4
Asperges congelées *(12)*	25	0	3	3
Asperges en conserve *(12)*	25	0	3	3
Aspic au poulet *(1 portion)*	145	40	30	2
Avocat *(1 petit)*	427	0	2	8

	CAL	CHOL	PRO	H.C.
B				
Babeurre *(1 tasse)*	85	10	9	12
Bacardi au rhum *(45 ml)*	102	0	t	0
Bacon grillé, croustillant *(3 tranches)*	102	45	5	1
Bagel *(1)*	110	0	2	23
Banana split *(1)*	453	240	8	75
Banane *(1 moyenne)*	95	0	1	23
Basilic *(⅛ c. à table)*	0	0	0	0
Bâton de gingembre frais *(100 gr)*	100	0	t	25
Beigne *(1 moyen)*	180	60	3	19
Beigne à la gelée *(1 moyen)*	245	30	3	37
Beigne glacé *(1 moyen)*	230	30	3	37
Beigne soupoudré de sucre *(1 moyen)*	185	30	3	21
Beignet aux pommes *(1 moyen)*	205	t	1	12
Betteraves *(½ tasse)*	18	0	1	4
Betteraves en conserve *(½ tasse)*	20	0	1	4
Beurre *(1 c. à table)*	100	35	t	t
Beurre d'abricot *(1 c. à table)*	35	0	t	8
Beurre d'arachide *(1 c. à table)*	100	t	4	3

	CAL	CHOL	PRO	H.C.
Beurre de Goyave				
Beurre de pommes				
(1 c. à table)	35	0	t	9
Beurre salé *(1 c. à table)*	100	35	t	t
Beurre sucré *(1 c. à table)*	100	35	t	t
Bière *(1 bouteille)*	125	0	t	13
Bière d'épinette *(180 ml)*	75	0	0	15
Biscuit à la farine d'avoine *(1 gros)*	90	t	2	15
Biscuits à l'anis *(3 petits)*	50	t	t	9
Biscuit à l'arrow-root *(1 moyen)*	25	t	t	4
Biscuit à la levure *(1 gros)*	120	t	3	15
Biscuit à la mélasse *(1 moyen)*	35	10	3	5
Biscuit à la noix de coco *(1 moyen)*	65	10	5	9
Biscuit au caramel *(1 moyen)*	140	t	3	15
Biscuits au chocolat *(3 moyens)*	150	30	2	22
Biscuits aux amandes *(2 moyens)*	50	t	t	9
Biscuits amandes/macarons *(1 moyen)*	100	t	1	16
Biscuit aux arachides *(1 moyen)*	65	10	1	9
Biscuits brisures de chocolat *(3 moyens)*	150	7	2	22
Biscuits aux dattes *(2 moyens)*	110	t	4	15
Biscuits aux raisins *(120 gr)*	430	t	5	90

	CAL	CHOL	PRO	H.C.
Biscuits croquants/gingembre (5 moyens)	50	0	2	8
Biscuit sablé (1 moyen)	140	33	2	19
Biscuit simple (1 moyen)	55	20	t	7
Blanc d'œuf (1)	10	0	3	t
Bleuets en conserves (1 tasse)	100	0	t	26
Bleuets frais (1 tasse)	60	0	t	17
Bleuets surgelés, non sucrés (1/2 tasse)	60	0	1	22
Bœuf au curry (1 portion)	400	108	20	7
Bœuf bouilli (1 portion)	220	95	34	0
Bœuf en conserve pour bébés (1 portion)	120	108	16	0
Bœuf Strogonoff (1 portion)	365	175	38	7
Bonbon (1 moyen)	35	10	t	9
Bonbons à la crème de menthe (2 petits)	75	t	2	3
Bonbon au caramel (1 moyen)	60	t	1	8
Bonbons au chocolat et amandes (30 gr)	170	50	3	17
Bouillon en cube (1 cube)	2	t	t	0
Boulettes de morue (1 portion)	190	75	16	5

	CAL	CHOL	PRO	H.C.
Boulettes de poisson *(1 portion)*	200	140	18	7
Brandy, verre *(60 ml)*	73	0	0	0
Brioche à la cannelle *(1 moyenne)*	115	20	3	19
Brioche française *(1 moyenne)*	150	10	5	13
Brochet *(1 portion)*	95	80	21	0
Brocoli *(1/2 tasse)*	30	0	3	5
Brocoli surgelé *(1/2 tasse)*	35	0	5	6

	CAL	CHOL	PRO	H.C.
C				
Café avec crème *(1 tasse)*	30	20	t	1
Café avec sucre et crème *(1 tasse)*	50	20	t	5
Café noir avec sucre *(1 tasse)*	20	0	t	4
Café espresso *(1 tasse)*	0	0	0	0
Café instant, noir *(1 tasse)*	2	0	t	t
Café Viennois, crème fouettée et sucre *(1 tasse)*	83	20	t	10
Cailles grillées *(1 portion)*	190	75	28	0
Canard au curry *(1 portion)*	402	108	30	7
Canard rôti *(1 portion)*	190	80	22	0
Canard rôti avec sauce *(1 portion)*	450	80	27	22
Canard sauvage *(1 portion)*	260	79	23	0
Cannelle *(1/8 c. à table)*	0	0	0	0
Cantaloup *(1/2 moyen)*	52	0	1	8
Caramel au beurre *(1)*	74	t	1	24
Carottes crues en bâtonnets *(3 bâtonnets)*	15	0	t	3
Carottes crues râpées *(1 tasse)*	45	0	1	10
Carottes en conserve *(1 tasse)*	45	0	1	10

	CAL	CHOL	PRO	H.C.
Carottes surgelées *(¹⁄2 tasse)*	25	O	t	5
Céleri cru *(2 branches)*	10	O	1	2
Céleri rave *(1 portion)*	50	O	2	13
Céréales prêtes à manger *				
All Bran, Kellogg's ᴹᶜ *(¹⁄2 tasse)*	87	O	4	26
Alpha- Bits, Post ᴹᶜ *(1 tasse)*	114	O	2	23
Blé filamenté, Post ᴹᶜ *(1 biscuit)*	89	O	3	20
Blé soufflé, Quaker ᴹᶜ *(1 tasse)*	49	O	2	10
Bran Buds avec psyllium, Kellogg's ᴹᶜ *(¹⁄2 tasse)*	117	O	4	35
Bran Flakes, Post ᴹᶜ *(²⁄3 tasse)*	121	O	4	29
Cheerios, General Mills ᴹᶜ *(1 tasse)*	98	O	3	18
Corn Flakes, Kellogg's ᴹᶜ *(1 tasse)*	101	O	2	23
Count Chocula, General Mills ᴹᶜ *(1 tasse)*	130	O	2	29
Croque Nature, ordinaire, Quaker ᴹᶜ *(¹⁄2 tasse)*	230	O	5	30
Froot Loops, Kellogg's ᴹᶜ *(1 tasse)*	114	O	1	26
Frosted Flakes, Kellogg's ᴹᶜ *(1 tasse)*	140	O	2	33
Fruit & Fibre, dattes, raisins et noix, Post ᴹᶜ *(¹⁄2 tasse)*	99	O	3	22

* Santé Canada

	CAL	CHOL	PRO	H.C.
Granola avec raisins, faible en gras, Kellogg's ^{MC} (1/2 tasse)	229	0	5	46
Granola avec raisins, Rogers ^{MC} (1/2 tasse)	245	0	5	41
Grape- Nuts, Post ^{MC} (1/2 tasse)	221	0	6	46
Just Right, Kellogg's ^{MC} (1 tasse)	167	0	3	38
Lucky Charms, General Mills ^{MC} (1 tasse)	134	0	2	29
Mini- Wheats givrés, Kellogg's ^{MC} (2/3 tasse)	122	0	3	29
Muesli, le Choix du Président ^{MC} (1/3 tasse)	144	0	5	28
Raisin Bran, Kellogg's ^{MC} (2/3 tasse)	127	0	3	33
Rice Krispies, Kellogg's ^{MC} (1 tasse)	110	0	2	24
Shreddies, Post ^{MC} (2/3 tasse)	140	0	4	31
Son de maïs, Quaker ^{MC} (1 tasse)	149	0	2	32
Special K, Kellogg's ^{MC} (1 tasse)	93	0	4	18
Sugar Crisp, Post ^{MC} (1 tasse)	99	0	2	23
Trix, General Mills ^{MC} (1 tasse)	120	0	1	26
Weetabix ^{MC} (2 biscuits)	129	0	4	28
Céréales d'orge séchées (30 gr)	100	0	2	20
Céréales, flocons de blé entier (1 tasse)	95	0	2	23

	CAL	CHOL	PRO	H.C.
Céréales, flocons de maïs *(1 tasse)*	95	0	2	21
Céréales, flocons de riz *(1 tasse)*	153	0	2	26
Céréales, riz soufflé *(1 tasse)*	56	0	2	25
Céréales, son et raisins *(1 tasse)*	160	0	5	33
Céréales, Pablum *(2 c. à table)*	125	0	12	4
Cerises au Marasquin *(2 moyennes)*	32	0	t	2
Cerises fraîches *(1 tasse)*	73	0	1	20
Champagne *(1 coupe)*	86	1	0	4
Champignons *(120 gr)*	35	0	3	5
Champignons en conserve *(1/2 tasse)*	20	0	2	3
Champignons en crème *(1 tasse)*	85	10	7	5
Champignons frais, cuits *(1/2 tasse)*	30	0	2	3
Champignons grillés *(1/2 tasse)*	15	0	2	3

	CAL	CHOL	PRO	H.C.
Champignons grillés, avec beurre *(1/2 tasse)*	33	5	2	3
Champignons sautés, avec beurre *(1/2 tasse)*	84	70	3	4
Chausson aux pommes *(1 moyen)*	250	25	3	37
Chocolat au fudge *(1 morceau)*	120	t	t	23
Chocolat au fudge avec crème fouettée *(1 tasse)*	148	25	10	26
Chocolat mi-sucré *(1 tablette)*	200	10	6	17
Chocolat non sucré *(1 tablette)*	180	10	3	8
Chop suey au bœuf *(1 portion)*	275	36	20	4
Chop suey au porc *(1 portion)*	135	15	12	4
Chop suey au poulet *(1 portion)*	135	14	12	4
Chop suey aux légumes *(1 portion)*	200	0	12	4
Chou à la crème *(1 moyen)*	130	188	4	35

	CAL	CHOL	PRO	H.C.
Chou à la crème avec chocolat *(1 moyen)*	175	180	5	20
Chou chinois *(1 portion)*	15	0	1	3
Choucroute *(¹/₂ tasse)*	25	0	1	5
Chou cuit *(1 portion)*	20	0	1	5
Chou fleur *(1 tasse)*	30	0	3	5
Chou fleur surgelé *(1 tasse)*	50	0	4	8
Chou râpé *(1 tasse)*	25	0	1	5
Chou rouge cru *(³/₄ de tasse)*	30	0	3	7
Choux de Bruxelles, cuits *(1 tasse)*	50	0	5	9
Chow mein au bœuf *(1 portion)*	153	45	14	4
Chow mein au porc *(1 portion)*	175	45	14	4
Chow mein au poulet *(1 portion)*	124	39	14	4
Ciboulette *(30 gr)*	5	0	t	1
Cidre de pommes *(¹/₂ tasse)*	55	0	t	13
Citron, 2" de diamètre	20	0	t	5
Citrouille en conserve *(1 tasse)*	90	0	2	18
Cocktail de crevettes *(6 moyennes)*	75	185	16	1

	CAL	CHOL	PRO	H.C.
Cocktail de fruits en conserve *(1 tasse)*	190	0	1	47
Cocktail de fruits frais *(1 tasse)*	135	0	t	35
Cocktail de palourdes *(180 ml)*	45	t	2	6
Cocktail d'huîtres crues *(6 moyennes)*	75	32	9	6
Cognac (30 ml)	75	0	0	0
Cola	100	0	0	25
Compote d'abricots *(1 portion)*	73	0	t	19
Compote de pommes en conserve *(1/2 tasse)*	55	0	t	13
Compote de pommes sucrée en conserve *(1/2 tasse)*	100	0	t	25
Compote de pommes et abricots *(1 portion)*	65	0	2	12
Compote de pommes fraîches *(1/2 tasse)*	50	0	t	11
Compote de pommes pour nourrisson *(1 portion)*	65	0	t	15
Confitures d'abricots (1 c. à table)	50	0	t	14
Confitures d'abricots et mûres *(1 c. à table)*	40	0	t	16

	CAL	CHOL	PRO	H.C.
Confiture de bleuets (1 c. à table)	52	0	t	14
Confiture de fraises (1 c. à table)	55	0	t	14
Confiture de framboises (1 c. à table)	55	0	t	14
Confiture de mûres (1 c. à table)	54	0	t	14
Confiture de prunes (1 c. à table)	60	0	1	14
Consommé au concombre (1 portion)	30	t	2	3
Côtelettes d'agneau, frites (1 portion)	385	80	26	0
Côtelettes d'agneau, grillées (1 portion)	280	80	26	0
Côtelette de porc au four (1 moyenne)	275	80	30	0
Côtelette de porc frite (1 moyenne)	375	80	30	0
Côtelette de porc grillée (1 moyenne)	275	80	30	0
Côtes de bœuf braisées (1 portion)	500	108	22	0
Courge d'été (1/2 tasse)	20	0	1	4

	CAL	CHOL	PRO	H.C.
Courge d'hiver, bouillie (½ tasse)	45	0	1	10
Crabe (chair) (½ tasse)	70	80	13	t
Crabe en conserve (90 gr)	85	60	15	1
Craquelins Graham (3 moyens)	75	t	1	15
Crème d'asperges (½ tasse)	60	0	3	9
Crème de menthe (1 petit verre)	75	0	0	7
Crème de menthe, frappée (120 ml)	260	0	0	24
Crème de poulet (120 ml)	45	8	1	4
Crème fouettée (2 c. à table)	115	15	1	1
Crème fouettée (1 tasse)	420	55	3	4
Crème glacée à la vanille (1 portion)	150	45	3	14
Crème glacée à la noix de coco (1 portion)	150	45	2	20
Crème glacée à la pistache (1 portion)	160	45	3	17
Crème glacée à la vanille (1 portion)	150	45	3	14
Crème glacée, érable et noix (1 portion)	150	45	3	14

	CAL	CHOL	PRO	H.C.
Crème glacée, beurre pacanes *(1 portion)*	150	45	3	15
Crème glacée au café *(1 portion)*	160	57	3	14
Crème glacée au caramel *(1 portion)*	215	45	5	28
Crème glacée au chocolat *(1 portion)*	150	45	3	15
Crème glacée aux brisures de chocolat *(1 portion)*	150	45	3	15
Crème glacée aux fraises *(1 portion)*	150	45	3	14
Crème glacée aux mûres *(1 portion)*	150	45	3	14
Crème glacée aux noisettes *(1 portion)*	150	45	3	14
Crème glacée aux noix *(1 portion)*	150	45	3	14
Crème glacée aux pêches *(1 portion)*	150	45	3	14
Crème sûre *(1 c. à table)*	30	8	t	t
Crêpes et 2 c. à table de beurre et 2 c. de sirop (3 moyennes)	450	89	6	30

	CAL	CHOL	PRO	H.C.
Crêpe Suzette *(1 moyenne)*	235	54	10	22
Crevettes à la chinoise *(1 portion)*	215	395	25	1
Crevettes à la créole *(1 portion)*	175	145	20	4
Crevettes bouillies *(1 portion)*	90	173	20	2
Crevettes en conserve, égoutées *(90 gr)*	100	110	21	t
Crevettes frites *(3 grosses)*	100	100	8	8
Croustilles *				
Croustilles de pommes de terre déhydratées Pringles MC (10)	112	0	1	10
Croustilles à saveur de barbecue (10)	64	0	1	7
Croustilles nature (10)	108	0	1	10
Croustilles de maïs, nature Fritos MC (10)	97	0	1	10
Grignotines de maïs, à saveur de fromage Cheetos MC (1 tasse)	205	0	3	20
Croustilles tortilla, à saveur de nacho (10)	90	0	1	11
Croustilles tortilla, nature (10)	90	0	1	11

* Santé Canada

D-E

	CAL	CHOL	PRO	H.C.
Dattes *(1 tasse)*	560	0	4	13
Dinde *(1 portion)*	250	97	36	0
Dinde rôtie *(1 portion)*	250	97	36	0
Échalotes *(5)*	20	0	1	5
Éclair au chocolat *(1 moyen)*	240	35	7	20
Épaule d'agneau rôti *(1 portion)*	390	80	25	0
Épaule de porc *(1 portion)*	450	80	15	0
Éperlans *(7 moyens)*	110	75	21	0
Éperlans frits *(7 moyens)*	255	75	21	7
Épinards *(1/2 tasse)*	25	0	3	3
Épinards en conserve *(1 tasse)*	55	0	6	6
Épinards surgelés *(225 gr)*	60	0	7	6
Escalopes de veau grillées *(90 gr)*	175	115	24	0
Espadon *(1 portion)*	200	80	31	0
Esturgeon *(60 gr)*	85	40	14	0
Esturgeon fumé *(60 gr)*	70	40	17	0
Extrait de vanille *(2 c. à table)*	5	0	1	0

	CAL	CHOL	PRO	H.C.

F

	CAL	CHOL	PRO	H.C.
Faisan rôti *(1 portion)*	150	75	24	0
Farine blanche tout usage *(1 tasse)*	463	0	3	84
Farine d'arrow-root *(60 gr)*	200	0	8	40
Farine de blé à grains entiers *(1/2 tasse)*	893	0	4	45
Farine de blé, à gâteau *(1/2 tasse)*	870	0	4	45
Farine de blé, à pain *(1/2 tasse)*	1090	0	8	52
Farine de blé tout usage *(1/2 tasse)*	1012	0	7	55
Farine de glutten *(1/2 tasse)*	455	0	46	53
Farine de maïs *(1 tasse)*	460	0	11	90
Farine de riz *(1/2 tasse)*	260	0	5	26
Farine de sarrasin *(1/2 tasse)*	889	0	8	45
Farine de seigle clair *(1/2 tasse)*	825	0	4	43
Farine de soja *(1 tasse)*	1454	0	50	41
Fécule de maïs *(1/2 tasse)*	1078	0	t	62
Feuilles de fenouil *(120 gr)*	35	0	3	6
Fèves au four *(1 portion)*	135	0	8	24

	CAL	CHOL	PRO	H.C.
Fèves au four en conserve avec lard et mélasse *(1 portion)*	170	t	7	30
Fèves au four en conserve avec sauce aux tomates *(1 portion)*	140	0	7	24
Fèves de Lima en conserve *(1 portion)*	80	0	4	15
Fèves de Lima fraîches *(1 portion)*	135	0	8	27
Fèves de Lima sèches *(120 gr)*	266	0	23	38
Fèves de soja *(1/2 tasse)*	120	0	11	6
Fèves germées, Mung *(1/2 tasse)*	40	0	4	7
Fèves germées, soya *(1/2 tasse)*	115	0	8	8
Figues fraîches *(4 petites)*	123	0	1	24
Figues sèches *(1 moyenne)*	55	0	1	12
Filet de sole, frit *(1 portion)*	125	80	20	0
Filet de sole, grillé *(1/2 portion)*	90	80	18	0
Filet de steak, porterhouse *(1 portion)*	530	108	22	0
Filet mignon *(1 portion)*	250	108	36	0
Flétan *(1 portion)*	140	75	21	0
Flétan grillé *(1 portion)*	205	75	29	0

	CAL	CHOL	PRO	H.C.
Flocons d'avoine *(1/2 tasse)*	890	0	8	37
Foie d'agneau *(1 portion)*	280	345	36	2
Foie de bœuf *(1 portion)*	160	345	22	6
Foie de bœuf, frit *(1 portion)*	260	345	30	6
Foie de porc *(1 portion)*	150	345	23	4
Foie de poulet *(1 portion)*	135	640	22	3
Foie de poulet, bouilli *(1 portion)*	185	425	30	2
Foie de poulet, cuit *(1 portion)*	185	425	30	2
Foie de veau *(1 portion)*	160	345	22	4
Foie de veau, frit *(1 portion)*	290	575	33	4
Foie de veau, rôti *(1 portion)*	290	345	33	4
Foie d'oie *(1 portion)*	200	345	19	6
Fondue au fromage *(1 portion)*	315	38	20	9
Fraises *(1 tasse)*	55	0	1	12
Fromage Parmesan *(120 gr)*	420	97	40	2
Fromage Parmesan, râpé *(30 gr)*	105	25	10	t
Fromage Provalone *(30 gr)*	100	26	7	t
Fromage Romano *(45 gr)*	145	37	8	t
Fromage Roquefort *(45 gr)*	145	37	8	t
Fromage suisse *(30 gr)*	105	38	8	t
Fromage velveeta *(30 gr)*	105	25	6	t
Fudge, carré de 1" *(1)*	120	t	t	23
Fudge au chocolat, carré de 1"	112	35	t	23

	CAL	CHOL	PRO	H.C.
Fudge sucre brun, carré de 1"	115	t	t	22
Fudge aux amandes, carré de 1"	130	t	1	22

G

	CAL	CHOL	PRO	H.C.
Gaufre *(1 moyenne)*	225	0	10	28
Gaufre au chocolat *(1 moyenne)*	380	119	11	48
Gaufre au fromage *(1 moyenne)*	300	144	13	28
Gaufre aux bleuets *(1 moyenne)*	300	119	9	35
Gâteau à la banane *(1 portion)*	200	80	2	36
Gâteau à la cannelle *(1 portion)*	150	33	3	28
Gâteau compote de pommes *(1 portion)*	422	t	4	63
Gâteau noix de coco *(1 portion)*	200	33	3	29
Gâteau vanille sans glaçage *(1 portion)*	210	33	3	31
Gâteau babeurre et épices *(1 portion)*	215	30	3	27
Gâteau au beurre *(1 portion)*	200	40	3	10
Gâteau au café *(1 portion)*	105	20	3	14
Gâteau caramel + glaçage *(1 portion)*	410	33	4	44

	CAL	CHOL	PRO	H.C.
Gâteau chocolat + glaçage *(1 portion)*	345	32	3	64
Gâteau au chocolat glacé *(1 tranche)*	275	32	5	45
Gâteau au fudge *(1 portion)*	104	33	6	35
Gâteau aux amandes *(1 portion)*	253	139	2	36
Gâteau aux bleuets *(1 portion)*	175	33	5	20
Gâteau pommes (hollandaise) *(1 portion)*	270	30	t	65
Gâteau des anges *(1/2 portion)*	110	0	3	22
Gâteau éponge *(1 portion)*	115	162	2	22
Gâteau éponge au citron *(1 portion)*	280	62	3	54
Gâteau marbré *(1 portion)*	185	33	3	30
Gâteau roulé au chocolat *(1 tranche)*	150	30	10	13
Gâteau shortcake -banane *(1 portion)*	250	33	4	44
Gâteau shortcake -fraises *(1 portion)*	300	33	6	43
Gâteau shortcake -framboises *(1 portion)*	325	33	6	47

	CAL	CHOL	PRO	H.C.
Gâteau shortcake -pêches *(1 portion)*	300	33	6	41
Gelée de cerises *(1 c. à table)*	53	0	t	13
Gelée de citron *(1 c. à table)*	55	0	t	13
Gelée de fraises *(1 c. à table)*	55	0	t	13
Gelée de mûres *(1 c. à table)*	54	0	t	13
Gelée de pêches *(1 c. à table)*	55	0	t	13
Gelée de pommes *(1 c. à table)*	50	0	t	13
Gelée de pommes sauvages *(1 c. à table)*	50	0	t	13
Germe de blé *(30 gr)*	100	0	7	12
Gigot d'agneau *(1 portion)*	320	80	30	0
Gin *(60 ml)*	150	0	0	0
Ginger Ale, 1 verre *(180 ml)*	75	0	0	16
Graines d'anis *(1/8 c. à table)*	0	0	0	0
Graines de citrouille *(30 gr)*	155	0	8	4
Graines de fenouil *(1/8 c. à table)*	0	0	0	0
Graines de pavot *(1/8 c. à table)*	0	0	0	0
Graines de sésame *(30 gr)*	165	0	5	6
Grains de maïs *(1 portion)*	55	0	1	12
Graisse de bacon *(1 c. à table)*	50	0	2	1
Graisse de cuisson *(1 c. à table)*	100	0	0	0
Groseilles *(1 tasse)*	50	0	t	13

	CAL	CHOL	PRO	H.C.
Gruau, gros flocons ou à cuisson rapide *(2/3 tasse)*	99	0	4	18
Gruau instantané, nature *(1 sachet)*	109	0	4	19
Gruau instantané, pomme-cannelle *(1 sachet)*	136	0	3	26
Guimauves *(1 moyenne)*	25	0	t	6

H

	CAL	CHOL	PRO	H.C.
Haddock fumé *(1 portion)*	115	80	26	t
Hamburger grillé *(90 gr)*	315	71	19	0
Hamburger tout bœuf *(1 portion)*	320	64	27	0
Hareng *(1 petit)*	190	75	26	0
Hareng de l'Atlantique *(1 portion)*	200	105	19	0
Hareng du Pacifique *(1 petit)*	100	105	18	0
Hareng fumé *(1/2 moyen)*	180	105	20	0
Hareng mariné *(1 petit)*	190	105	22	0
Haricots au beurre *(1 portion)*	125	0	6	23
Haricots blancs, cuits *(1 tasse)*	225	0	14	37
Haricots blancs, cuits *(1 portion)*	380	0	26	67
Haricots jaunes *(1 portion)*	30	0	2	5

	CAL	CHOL	PRO	H.C.
Haricots verts en conserve *(1/2 tasse)*	15	0	1	3
Haricots verts, frais *(1/2 tasse)*	20	1	1	4
Homard *(1/2 moyen)*	90	230	16	t
Homard cuit ou grillé *(1 moyen)*	245	230	35	1
Homard en conserve *(1 portion)*	105	230	21	t
Huîtres Blue Point *(12)*	100	75	12	7
Huîtres du Cap Cod *(6)*	50	45	12	5
Huîtres frites *(1 portion)*	270	75	10	21
Huîtres sur écailles *(6 moyennes)*	75	33	10	6
Huile d'arachide *(1 c. à table)*	125	0	t	0
Huile de maïs *(1 c. à table)*	125	0	0	0
Huile d'olive *(1 c. à table)*	125	0	t	0
Huile mazola *(1 c. à table)*	125	0	0	0
Huile végétale *(1 c. à table)*	125	0	0	0

J-K

	CAL	CHOL	PRO	H.C.
Jambon *(1 portion)*	310	105	19	0
Jambon au four, grillé *(1 tranche)*	315	105	20	2
Jambon bouilli *(30 gr)*	75	75	5	0
Jambon cuit *(1 portion)*	320	80	23	0

	CAL	CHOL	PRO	H.C.
Jambon de Virginie, au four *(1 portion)*	315	105	23	0
Jambon en conserve, désossé *(1 portion)*	215	105	21	0
Jaune d'œuf *(1)*	80	250	3	6
Jello *(1 portion)*	75	0	2	17
Jus d'ananas *(120 ml)*	60	0	t	15
Jus de carottes *(1 tasse)*	50	0	t	13
Jus de citron *(1 c. à table)*	5	0	t	1
Jus de lime, frais *(1 tasse)*	60	0	0	18
Jus de mûres *(1/2 tasse)*	40	0	t	8
Jus de nectar de poires *(120 ml)*	50	0	t	12
Jus de pomme *(1 tasse)*	125	0	t	28
Jus de pruneaux *(120 ml)*	85	0	1	23
Jus de raisins *(1/2 tasse)*	75	0	t	18
Jus d'orange, non sucré *(1 tasse)*	110	0	1	26
Jus V-8 *(1 tasse)*	45	0	2	9
Ketchup *(1 c. à table)*	25	0	t	4
Ketchup aux tomates *(1 c. à table)*	15	0	t	4

	CAL	CHOL	PRO	H.C.
L				
Lait à la noix de coco *(1 tasse)*	64	34	4	10
Lait *(1 tasse)*	170	27	9	11
Lait condensé *(30 ml)*	125	30	3	21
Lait condensé, non dilué *(30 ml)*	125	30	3	21
Lait condensé, non sucré *(1/2 tasse)*	235	53	15	10
Lait condensé, sucré *(1/2 tasse)*	330	53	9	60
Lait de babeurre *(1 tasse)*	85	10	9	12
Lait de chèvre *(1/2 tasse)*	90	20	4	5
Lait de noix de coco *(1 tasse)*	64	0	4	10
Lait écrémé au chocolat *(1 tasse)*	130	20	8	26
Lait écrémé en poudre *(1 c. à table)*	30	t	3	3
Lait entier, en poudre *(1 c. à table)*	40	t	2	2
Lait évaporé, moitié eau *(1 tasse)*	190	20	9	16
Lait évaporé, non sucré *(1 tasse)*	225	82	16	32
Laitue iceberg, grosses feuilles *(2)*	7	0	t	t
Laitue romaine *(1/2 moyenne)*	25	0	3	4
Langue de bœuf *(1 portion)*	225	100	18	t
Langue de bœuf bouillie *(90 gr)*	210	100	19	t
Langue de porc *(1 portion)*	285	120	25	1
Lapin *(1 portion)*	240	75	34	0

	CAL	CHOL	PRO	H.C.
Lard *(1 c. à table)*	125	10	0	0
Légumes mélangés, en conserve *(1 portion)*	75	0	4	15
Lentilles *(1/2 tasse)*	105	0	9	17
Lentilles sèches, cuites *(1/2 portion)*	65	0	5	12
Levure sèche *(1 c. à table)*	50	0	5	3
Lime *(1 moyenne)*	20	0	t	5
Limonade *(1 tasse)*	100	0	t	25
Longe de porc, rôtie *(1 portion)*	405	80	27	0

M-N

	CAL	CHOL	PRO	H.C.
Macaron à la noix de coco *(2 petits)*	100	10	3	14
Macaroni au gratin *(1 portion)*	250	21	10	30
Macaroni cuit *(1 tasse)*	200	50	4	39
Macaroni au fromage *(1 tasse)*	465	42	18	43
Maïs en conserve *(1 tasse)*	190	0	5	41
Maïs frais *(1 portion)*	95	0	4	24
Maïs frais, surgelé *(1 portion)*	115	0	4	23
Mandarine *(1 grosse)*	50	0	1	10
Mangue *(1 moyenne)*	10	0	t	19

	CAL	CHOL	PRO	H.C.
Maquereau en conserve *(1 portion)*	190	80	21	0
Maquereau salé *(1 portion)*	176	80	21	0
Margarine *(1 c. à table)*	100	7	t	0
Marmelade *(1 c. à table)*	55	0	t	14
Mayonnaise *(1 c. à table)*	90	10	t	t
Mélasse ordinaire *(60 ml)*	120	0	t	30
Melon d'eau, tranche moyenne *(1)*	100	0	1	22
Melon de miel *(1/4)*	63	0	t	7
Melon Person, grosseur moyenne *(1/8)*	35	0	1	15
Miel *(1 c. à table)*	65	0	t	17
Mille-feuilles *(1 moyen)*	300	45	7	30
Minestrone italien *(1/2 tasse)*	100	t	4	12
Morue séchée *(1 portion)*	145	75	32	t
Moules *(1 portion)*	75	60	11	0
Mousse aux fraises *(1 portion)*	355	400	4	17
Mousse aux pêches *(1 portion)*	355	300	4	17
Moutarde *(1 c. à table)*	10	0	t	t
Moutarde sèche *(1 c. à table)*	5	0	t	t
Muffin *(1 moyen)*	135	21	4	19
Muffin anglais *(1 moyen)*	150	t	4	21
Mûres en conserve (eau) *(1 tasse)*	101	0	1	13

	CAL	CHOL	PRO	H.C.
Mûres fraîches *(1 tasse)*	101	0	1	13
Navet cuit *(1 tasse)*	45	0	4	8
Nectar d'abricot *(120 ml)*	65	0	t	17
Nectarine *(1 moyenne)*	50	0	1	12
Noisettes *(60 gr)*	365	0	8	6
Noix d'acajou *(7 moyennes)*	75	0	2	4
Noix du Brésil *(60 gr)*	365	0	8	6
Noix de coco, fraîche *(60 gr)*	210	0	2	11
Noix de coco, sèche, non sucrée *(60 gr)*	285	0	4	13
Noix de coco, sèche, sucrée *(60 gr)*	380	0	2	27
Nouilles au beurre *(1 portion)*	195	30	9	10
Nouilles aux œufs, sèches *(1 tasse)*	425	214	14	81
Nouilles au fromage et beurre *(1 portion)*	195	30	9	10

	CAL	CHOL	PRO	H.C.
O-P				
Oeuf au curry *(1 portion)*	200	70	25	7
Oeuf bouilli *(1 moyen)*	80	250	6	t
Oeuf brouillés *(2)*	155	500	11	t
Oeuf brouillé avec lait *(1 moyen)*	80	280	6	t
Oeuf cru *(1 moyen)*	80	250	6	t
Oeuf cuit au four *(1)*	120	250	6	2
Oeuf poché *(1 moyen)*	80	250	6	1
Oie rôtie *(1 portion)*	480	75	26	0
Oie rôtie avec sauce *(1 portion)*	660	75	31	22
Oignon bouilli *(1 tasse)*	30	0	1	7
Oignon cru *(1 gros)*	50	0	2	11
Oignon déshydraté *(60 gr)*	200	0	5	46
Oignon en crème *(1/2 tasse)*	65	10	3	8
Oignon frit *(1 gros)*	103	0	2	10
Olives noires *(60 gr)*	75	0	t	1
Olives vertes *(10 grosses)*	65	0	t	1
Omelette *(2 œufs + 1 c. à table de beurre)*	150	550	11	t
Omelette à la française *(2 œufs)*	275	500	13	2

	CAL	CHOL	PRO	H.C.
Omelette au fromage avec 2 œufs	260	575	18	1
Omelette aux asperges avec 2 œufs	220	550	16	4
Omelette aux champignons avec 2 œufs	160	530	12	2
Omelette aux oignons avec 2 œufs	160	550	11	1
Omelette espagnole avec 2 œufs	200	500	12	8
Omelette nature avec 2 œufs	155	495	11	1
Orange (1 moyenne)	70	0	1	17
Orge (1/2 tasse)	390	0	10	80
Pacanes (6)	75	0	1	2
Pain à la cannelle (1 tranche)	90	t	5	16
Pain à la compote de pommes (1 tranche)	110	t	3	21
Pain à l'ail avec beurre (1 tranche)	55	12	2	11
Pain au babeurre (1 tranche)	75	t	2	12
Pain au gingembre, carré 1"	180	t	2	21
Pain au banane (1 tranche)	120	t	4	22

	CAL	CHOL	PRO	H.C.
Pain aux dattes et noix *(1 tranche)*	100	t	2	21
Pain au maïs *(60 gr)*	170	50	4	22
Pain aux raisins *(1 tranche)*	65	t	2	12
Pain blanc *(1 tranche)*	65	t	2	12
Pain brun aux noix *(1 tranche)*	220	t	5	46
Pain d'épices *(1 tranche)*	180	t	2	21
Pain de sarrasin *(1 tranche)*	60	t	6	11
Pain de seigle juif *(1 tranche)*	55	t	2	12
Pain de viande *(1 portion)*	225	80	17	3
Pain français *(1 tranche)*	50	t	2	10
Pain italien (1 tranche)	60	0	2	12
Pain multigrain *(1 tranche)*	65	0	3	12
Pain nature suédois *(1 tranche)*	60	t	3	12
Pain pita, blanc *(16 cm diamètre)*	165	0	5	33
Pain pita, blé entier *(16 cm diamètre)*	170	0	6	35
Pain viennois *(1 tranche)*	60	t	2	10
Palourdes crues *(1 portion)*	90	70	15	4
Palourdes en conserve, égouttées *(1 portion)*	105	50	17	2
Palourdes frites *(6)*	200	70	12	5

	CAL	CHOL	PRO	H.C.
Palourdes grillées *(6)*	115	65	10	5
Palourdes rôties (6)	135	70	15	5
Pamplemousse *(¹⁄2 petit)*	50	0	1	11
Panais cuit *(1 tasse)*	95	0	2	21
Parfait à l'érable *(1 moyen)*	215	180	6	14
Parfait au café *(1 moyen)*	215	180	6	14
Parfait aux pêches *(1 moyen)*	215	180	6	14
Pâté d'anchois *(1 c. à table)*	52	t	5	1
Pâté de foie d'oie *(1 c. à table)*	125	65	12	1
Pâté de foie gras *(1 c. à table)*	85	45	2	1
Pâtisserie danoise *(1 pièce)*	240	t	4	25
Pêches en conserve *(2 moitiés)*	45	0	t	11
Pêches en conserve, à l'eau *(2 moitiés)*	35	0	t	9
Pêche fraîche *(1 moyenne)*	50	0	1	11
Petites côtes de bœuf braisées *(1 portion)*	200	108	23	0
Petit four *(1 moyen)*	95	15	2	33
Petit four au chocolat *(1)*	155	10	2	20
Petit gâteau *(1)*	95	10	2	33
Petit pain à hot dog *(1)*	160	t	7	18
Pickles, dill, sûr *(1 gros)*	10	0	t	3
Pickles sucrés *(1 petit)*	20	0	t	5

	CAL	CHOL	PRO	H.C.
Piment fort (¹⁄2 tasse)	30	0	1	6
Piment rouge (1 moyen)	25	0	1	5
Piment vert, cuit (¹⁄2 tasse)	25	0	1	6
Piment vert, frais (1 moyen)	20	0	1	4
Pistaches (16)	50	0	2	2
Pizza au fromage 12" diamètre (¹⁄6)	240	30	14	25
Pizza anchois et fromage 12" diamètre (¹⁄6)	225	40	11	23
Poireau (1)	7	0	1	1
Poires en conserve, à l'eau (2 moitiés)	35	0	t	9
Poires en conserve + sirop (2 moitiés)	70	0	t	17
Poires en conserve, cuites (1 portion)	55	0	t	13
Poire fraîche (1 moyenne)	75	0	1	18
Poires séchées (2 moitiés)	100	0	1	24
Pois en conserve (1 tasse)	75	0	4	14
Pois frais, cuits (1 portion)	80	0	6	14
Pois surgelés (¹⁄2 tasse)	45	0	3	8
Poisson blanc, cuit vapeur (1 portion)	130	80	25	0

	CAL	CHOL	PRO	H.C.
Poisson blanc, frit *(1 portion)*	225	80	23	0
Poisson frit, avec beurre *(1 portion)*	170	80	18	0
Pomme *(1 petite)*	75	0	t	11
Pomme à la cannelle *(1 portion)*	100	0	5	52
Pomme de terre au four *(1 portion)*	125	0	4	28
Pomme de terre au gratin *(1 portion)*	165	0	6	16
Pomme de terre bouillie *(1 portion)*	125	0	4	28
Pomme de terre brune, hachée *(1 portion)*	260	0	3	33
Pomme de terre frites à la française *(6 moyennes)*	100	0	1	12
Pomme de terre frites surgelées *(1 portion)*	220	0	4	37
Pomme de terre frites à l'américaine *(1 portion)*	315	0	5	41
Pomme de terre Idaho au four *(1 moyenne)*	125	0	4	28
Pomme de terre Irl., bouillie *(1 moyenne)*	125	0	4	28

	CAL	CHOL	PRO	H.C.
Pomme de terre Julienne *(1 moyenne)*	225	0	8	30
Pomme de terre sucrée au four *(150 gr)*	200	0	3	45
Pomme de terre sucrée, bouillie *(150 gr)*	160	0	2	44
Pomme sucrée sur bâtonnet *(1)*	262	t	t	55
Popcorn avec beurre *(1 tasse)*	155	35	2	11
Popcorn avec sirop *(1 tasse)*	150	0	5	25
Popcorn enrobé de sucre *(1 tasse)*	55	0	1	11
Popcorn nature *(1 tasse)*	55	0	2	11
Pouding à la compote de pommes *(1 portion)*	110	0	1	25
Pouding à la crème de banane avec meringue *($^1/_2$ tasse)*	175	139	4	19
Pouding au caramel *($^1/_2$ tasse)*	170	35	3	29
Pouding au chocolat *($^1/_2$ tasse)*	250	15	5	31
Pouding au citron *(1 portion)*	140	18	3	26
Pouding au pain *($^1/_2$ tasse)*	210	t	6	32
Pouding au tapioca *($^1/_2$ tasse)*	175	80	6	24
Pouding aux dattes *(1 portion)*	125	20	4	16
Poulet à la king *($^1/_2$ tasse)*	377	230	14	4

	CAL	CHOL	PRO	H.C.
Poulet au curry *(1 portion)*	324	80	20	7
Poulet au paprika *(1 portion)*	165	80	20	0
Poulet au vin rouge *(1 portion)*	325	80	29	t
Poulet barbecue *(1 portion)*	225	69	23	t
Poulet bouilli *(1 portion)*	225	80	23	0
Poulet cuit *(1 portion)*	250	79	20	0
Poulet désossé en conserve *(90 gr)*	170	65	25	0
Poulet en crème *(1/2 tasse)*	385	65	32	0
Poulet frit *(240 gr)*	190	140	29	0
Poulet grillé *(240 gr)*	190	140	24	0
Poulet Gumbo *(1 tasse)*	123	t	3	6
Pruneaux secs *(4)*	100	0	1	24
Prune de Damas *(1 petite)*	30	0	t	9
Prune en conserve + sirop *(1 portion)*	70	0	t	18
Prunes fraîches *(1)*	30	0	1	7
Punch aux fruits *(180 ml)*	135	0	t	33
Purée d'abricots pour nourrisson *(1 portion)*	140	0	1	33
Purée d'agneau pour nourrisson *(1 portion)*	105	80	15	0
Purée de betteraves pour nourrisson *(1 portion)*	40	0	1	9

	CAL	CHOL	PRO	H.C.
Purée de bœuf pour nourrisson *(1 portion)*	120	108	16	0
Purée de carottes pour nourrisson *(1 portion)*	10	0	t	2
Purée de foie pour nourrisson *(1 portion)*	100	345	16	2
Purée de patates sucrées pour nourrisson *(1 portion)*	60	0	t	14
Purée de porc pour nourrisson *(1 portion)*	120	80	15	0
Purée de poulet pour nourrisson *(1 portion)*	140	80	15	0
Purée de tomates *(1 tasse)*	95	0	4	16
Purée de tomates en conserve *(120 ml)*	50	0	2	9
Purée de veau pour nourrisson *(1 portion)*	115	80	15	0

	CAL	CHOL	PRO	H.C.
Q-R				
Queue de homards *(1 portion)*	100	144	18	t
Radis *(4 petits)*	8	0	t	2
Radis chinois *(4 petits)*	5	0	t	t
Raisins Concord *(1 tasse)*	90	0	2	16
Raisins de Corinthe, rais *(60 gr)*	30	0	1	5
Raisins de Corinthe, secs *(120 gr)*	160	0	5	74
Raisins Delware *(1 tasse)*	90	0	2	16
Raisins Malaga *(1 tasse)*	95	0	2	17
Raisins Muscat *(1 tasse)*	95	0	2	17
Raisins Niagara *(1 tasse)*	90	0	2	16
Raisins Tokay *(1 tasse)*	95	0	2	17
Raisins verts, sans pépins *(1 tasse)*	90	0	2	16
Ragoût d'agneau *(1 portion)*	235	40	15	15
Ragoût de bœuf *(1/2 tasse)*	100	37	7	7
Ragoût de bœuf et légumes *(1 tasse)*	200	63	14	14
Ragoût de bœuf en conserve *(1/2 t)*	90	33	6	8
Ragoût de lapin *(1 portion)*	235	63	15	15
Ragoût de poulet *(1 portion)*	452	140	29	20
Ragoût Irlandais *(240 ml)*	235	63	15	15

	CAL	CHOL	PRO	H.C.
Rhum de la Jamaïque, verre *(60 ml)*	100	0	t	t
Riz blanc, bouilli *(³⁄4 tasse)*	100	0	4	22
Riz brun *(³⁄4 tasse)*	110	0	4	22
Riz espagnol *(1 portion)*	105	t	2	20
Riz espagnol avec viande *(1 portion)*	200	80	17	17
Rognon d'agneau *(1 portion)*	115	420	18	2
Rognon de bœuf *(1 portion)*	285	428	37	2
Rôti de bœuf *(1 portion)*	225	80	33	0
Rôti de porc *(1 portion)*	210	85	28	0
Rôti de veau *(1 portion)*	245	80	31	0
Rutabaga *(¹⁄2 tasse)*	40	0	1	9

	CAL	CHOL	PRO	H.C.
S				
Salade d'artichaut *(1 portion)*	70	0	3	14
Salade d'asperges *(1 portion)*	20	0	3	3
Salade d'aspic aux tomates *(1 portion)*	40	0	4	4
Salade d'avocat *(1 portion)*	275	t	12	10
Salade de chou *(1 tasse)*	20	0	1	14
Salade de homard *(1/2 tasse)*	125	200	11	5
Salade de macaroni *(1 tasse)*	260	15	4	26
Salade de pommes de terre *(1 portion)*	175	81	3	16
Salade de poulet *(1 portion)*	225	70	30	3
Salade de thon *(1/2 tasse)*	180	75	16	2
Salami *(30 gr)*	120	30	7	t
Sandwich à la salade de jambon *(1)*	300	80	14	26
Sandwich au fromage à la crème *(1)*	200	30	10	25
Sandwich au fromage canadien *(1)*	250	25	11	24
Sandwich au fromage can. + tomates *(1)*	265	25	13	27

	CAL	CHOL	PRO	H.C.
Sandwich au fromage et olives *(1)*	265	50	8	25
Sandwich au jambon + fromage suisse *(1)*	300	130	19	25
Sandwich au pain de viande *(1)*	255	70	15	30
Sandwich au œufs avec beurre *(1)*	240	315	13	25
Sandwich aux tomates + salade + bacon *(1)*	245	30	10	29
Sandwich au foie de poulet haché *(1)*	260	345	19	26
Sandwich de salade au poulet *(1)*	300	70	25	25
Sardines en conserve *(1 portion)*	230	110	29	1
Sauce à la crème (1 c. à table)	85	15	6	2
Sauce à l'ail *(2 c. à table)*	200	35	t	5
Sauce à la moutarde *(¹/₄ tasse)*	85	t	2	6
Sauce au beurre et citron *(1 c. à table)*	23	20	t	0
Sauce au citron *(1 c. à table)*	25	0	t	5
Sauce au chocolat *(1 c. à table)*	25	10	6	5

	CAL	CHOL	PRO	H.C.
Sauce au chocolat et menthe *(1 portion)*	230	0	1	53
Sauce au fromage *(1/2 tasse)*	225	100	11	5
Sauce au fudge *(1 c. à table)*	52	t	t	18
Sauce au vin (1 c. à table)	40	0	1	2
Sauce aux câpres *(1 c. à table)*	20	0	t	t
Sauce aux raisins *(60 gr)*	105	t	t	26
Sauce barbecue *(1 c. à table)*	50	0	2	t
Sauce brune *(1 c. à table)*	30	t	1	1
Sauce de poulet *(2 c. à table)*	100	5	t	4
Sauce soja *(1 c. à table)*	4	15	t	1
Sauce Worcestershire *(1 c. à table)*	10	0	t	2
Saucisses de Bologne *(60 gr)*	124	40	8	t
Saucisse de Francfort *(1 moyenne)*	165	65	6	1
Saucisses de porc, 3" de longueur *(2)*	151	104	20	0
Saumon au four *(1 portion)*	250	80	19	0
Saumon en conserve *(1 portion)*	220	80	21	0
Saumon fumé et salé *(30 gr)*	60	18	5	0
Semoule de maïs *(1/2 tasse)*	1116	0	6	57

	CAL	CHOL	PRO	H.C.
Shish kébab d'agneau *(1 portion)*	135	80	10	13
Shortcake à la banane *(1 portion)*	250	t	4	44
Shortcake aux framboises *(1 portion)*	325	33	6	47
Shortcake aux fraises *(1 portion)*	300	30	6	41
Sirloin de bœuf *(1 portion)*	250	108	35	0
Sirop de maïs *(1 c. à table)*	50	0	t	12
Sirop d'érable *(1 c. à table)*	50	0	0	13
Soda pétillant *(180 ml)*	75	0	0	21
Son d'avoine *(1/2 tasse)*	511	0	9	33
Son de blé *(1/2 tasse)*	286	0	5	20
Sorbet à l'ananas *(1 portion)*	130	0	1	29
Sorbet à l'orange *(1 portion)*	130	0	1	29
Sorbet aux framboises *(1 portion)*	130	0	1	29
Sorbet aux fruits *(1 portion)*	130	0	1	29
Soufflé au fromage *(1/2 tasse)*	240	70	11	6
Soufflé aux épinards *(1 portion)*	170	150	9	6
Soupe à l'oignon *(1 tasse)*	50	0	5	4

	CAL	CHOL	PRO	H.C.
Soupe au poulet et riz *(1 tasse)*	45	t	2	6
Soupe aux lentilles *(1 tasse)*	303	0	4	40
Soupe au poulet et nouilles *(1 tasse)*	126	t	4	8
Soupe crème de champignon *(1 tasse)*	180	15	2	13
Soupe crème de crabe *(1 portion)*	170	50	20	9
Soupe crème de dinde *(1/2 tasse)*	100	t	8	6
Soupe crème de maïs *(1 tasse)*	225	10	5	18
Soupe crème de pomme de terre *(120 ml)*	100	t	4	8
Soupe crème de tomates *(1 portion)*	155	10	6	18
Soupe de brocoli *(1 portion)*	25	0	3	5
Soupe de carottes *(1 portion)*	45	36	t	10
Soupe de chou-fleur *(1 tasse)*	50	0	5	8
Spaghetti avec beurre *(1 portion)*	210	70	4	20

	CAL	CHOL	PRO	H.C.
Spaghetti avec 2 boul. de viande (1 portion)	150	35	9	45
Spaghetti avec fromage (1 tasse)	230	50	8	31
Spaghetti avec palourdes (1 portion)	150	40	6	17
Spaghetti avec sauce à la viande (1 portion)	235	20	5	47
Spaghetti avec sauce palourde (1 portion)	220	40	8	43
Spaghetti avec sauce tomates (1 portion)	210	t	3	47
Spaghetti italien avec sauce à la viande (1 portion)	375	t	5	47
Steak au poivre (1 portion)	250	108	30	5
Steak dans la ronde (1 portion)	200	108	23	0
Steak de bœuf (1 portion)	200	108	23	0
Steak de hamburger (120 gr)	245	108	31	0
Steak de jambon (1 portion)	230	105	33	0
Steak de ronde de bœuf (1 portion)	200	108	23	0
Steak de veau (1 portion)	265	116	40	0

	CAL	CHOL	PRO	H.C.
Steak de faux filet (sirloin) *(1 portion)*	225	108	36	0
Steak T-Bone de bœuf *(1 portion)*	530	108	22	0
Strudel aux pommes *(1 portion)*	225	25	3	34
Sucette *(1 moyenne)*	115	0	0	28
Sucre brun *(1 c. à table)*	18	0	0	4
Sucre de betterave *(1 c. à table)*	18	0	0	4
Sucre de canne *(1 c. à table)*	18	0	0	4
Sucre d'érable *(30 gr)*	100	0	0	12
Sucre en poudre *(1 c. à table)*	30	0	0	24
Sucre granulé *(1 c. à table)*	60	0	0	12

	CAL	CHOL	PRO	H.C.
T				
Tablette de chocolat *(60 gr)*	252	100	7	32
Tablette de chocolat + amandes *(1 moyenne)*	263	40	1	17
Tablette de chocolat + noix *(30 gr)*	170	50	3	17
Tablette de chocolat mi-sucrée *(1 barre)*	200	50	6	17
Tablette de figues *(1 grosse)*	90	t	1	19
Tapioca aux cerises *(1 portion)*	190	80	t	47
Tapioca aux pommes *(1 portion)*	153	80	3	26
Tarte aux abricots *(1 portion)*	250	120	3	31
Tarte aux abricots + meringue *(1 portion)*	250	98	2	45
Tarte à la citrouille *(1 portion)*	430	0	8	47
Tarte à la crème *(1 portion)*	225	120	6	23
Tarte à la crème au chocolat *(1 portion)*	360	137	10	47

	CAL	CHOL	PRO	H.C.
Tarte à la crème aux cerises *(1 portion)*	402	120	20	55
Tarte à la crème aux fraises *(1 portion)*	405	120	22	50
Tarte à la crème Boston *(1 portion)*	403	120	6	55
Tarte à la crème de banane *(1 portion)*	300	120	5	56
Tarte à la crème de noix de coco *(1 portion)*	402	120	22	50
Tarte à la crème et bleuets *(1 portion)*	402	120	6	56
Tarte au citron et meringue *(1 portion)*	300	98	4	45
Tarte au chocolat et meringue *(1 portion)*	270	98	6	32
Tarte aux bleuets *(1 portion)*	377	70	3	38
Tarte aux cerises *(1 portion)*	350	0	3	41
Tarte aux fraises *(1 portion)*	340	70	2	56
Tarte aux framboises *(1 portion)*	352	0	t	57
Tarte aux pacanes *(1 portion)*	470	70	6	58
Tarte aux pêches *(1 portion)*	390	70	3	70

	CAL	CHOL	PRO	H.C.
Tarte aux pommes (1 portion)	275	120	3	42
Tarte aux pommes à la française (1 portion)	275	120	3	44
Tarte aux pommes à la mode (1 portion)	425	172	4	58
Tarte aux raisins (1 portion)	380	120	3	65
Tarte chiffon au citron (1 portion)	350	137	8	35
Tarte chiffon au chocolat (1 portion)	250	137	5	33
Tarte chiffon aux cerises (1 portion)	340	137	8	46
Tarte de poulet (1 portion)	350	71	7	20
Tartelette aux bleuets (1 moyenne)	228	t	2	21
Tartelette aux pommes (1 moyenne)	175	25	1	26
Thé avec citron (1 tasse)	2	0	t	1
Thé glacé, verre (180 ml)	2	0	t	t
Thé japonais nature, vert (1 tasse)	0	0	t	t
Thé jasmin nature (1 tasse)	2	0	t	t
Thé instant (1 tasse)	2	0	t	t

	CAL	CHOL	PRO	H.C.
Thé noir *(1 tasse)*	0	0	t	t
Thon à l'huile en conserve égoutté *(90 gr)*	170	60	25	0
Thon cuit *(1 portion)*	170	60	25	0
Thon en conserve *(1 portion)*	205	80	31	0
Thon frais *(1 portion)*	140	80	28	0
Thym *(1/8 c. à thé)*	0	0	0	0
Timbale au poulet *(1)*	200	50	25	6
Toast à la cannelle *(1 tranche)*	200	t	7	29
Toast à la française + sirop d'érable *(1 tranche)*	150	125	4	23
Toast à la française, nature *(1 tranche)*	115	125	4	15
Toast au pain blanc *(1 tranche)*	65	t	2	12
Toast au pain blé entier *(1 tranche)*	65	t	3	11
Toast au pain de seigle *(1 tranche)*	55	t	2	12
Toast au pain de raisins *(1 tranche)*	65	t	2	12
Toast Melba *(1)*	28	t	1	6
Tortilla, 5" diamètre *(1)*	55	0	1	10
Tourte aux cerises *(1 petite)*	200	t	1	44
Tourte aux mûres *(1 petite)*	200	t	1	44

	CAL	CHOL	PRO	H.C.
Tourte aux pêches en conserve *(1 petite)*	200	t	1	44
Tourte aux pommes *(1 petite)*	200	t	1	44
Tourte aux prunes *(1 petite)*	200	t	1	44
Tourte aux raisins *(1 petite)*	200	t	1	44
Tourte aux Xérès *(1 petite)*	200	t	1	44
Truite *(240 gr)*	225	140	24	0
Truite frite, grosse (1) *(360 gr.)*	350	80	24	t

	CAL	CHOL	PRO	H.C.
V-W-Z				
Veau au curry *(1 portion)*	200	115	20	7
Vermicelle *(1/2 tasse)*	80	0	3	8
Vinaigre *(30 ml)*	5	1	7	1
Vinaigre de pommes *(30 ml)*	0	0	0	0
Vinaigrette française, avec huile d'olives *(1 c. à table)*	102	t	t	4
Vinaigrette française à l'ail *(1 c. à table)*	102	t	t	4
Vinaigrette russe *(1 c. à table)*	65	4	t	t
Vin blanc, verre *(60 ml)*	75	0	t	2
Vin Bordeaux, verre *(60 ml)*	75	0	t	4
Vin Bourgogne, verre *(60 ml)*	75	0	t	4
Vin Bourgogne pétillant, verre *(60 ml)*	75	0	t	4
Vin Chablis, verre *(60 ml)*	75	0	t	4
Vin clavet, verre *(60 ml)*	115	0	t	2
Vin de Madère, verre *(60 ml)*	74	0	t	4
Vin de Muscat, verre *(60 ml)*	95	0	1	4
Vin du Rhin, verre *(60 ml)*	75	0	t	4
Vin Riesling, verre *(60 ml)*	75	0	t	4
Vin rouge, verre *(60 ml)*	75	0	t	4

	CAL	CHOL	PRO	H.C.
Vin Sauterne doux, verre *(60 ml)*	75	0	t	4
Vin Sauterne sec, verre *(60 ml)*	75	0	t	1
Whisky Canadien, verre *(60 ml)*	140	0	0	0
Whisky Irlandais, verre *(60 ml)*	130	0	t	t
Zeste de citron, confit (30 ml)	90	0	t	24
Zeste de pamplemousse, confit (60 ml)	180	0	t	48
Zeste d'orange, confit (60 ml)	190	0	t	48

TABLEAU DES ACIDES GRAS DANS LES ALIMENTS*

Pourcentage de gras par portion de 100 grammes
incluant gras cis et trans

	Saturés	Mono	Poly
Agneau pour ragoût ou kébab, maigre, braisé	3,15	3,54	0,81
Agneau, Nouvelle Zélande, longe, maigre, grillée	3,58	3,22	0,47
Amandes, rôties à l'huile	5,36	36,71	11,86
Amandes, rôties à sec, sel ajouté	4,89	33,50	10,83
Arachides, toutes variétés, rôties à l'huile, sel ajouté	6,84	24,46	15,58
Avelines ou noisettes, hachées, séchées	4,95	52,74	6,45
Avocat, Californie, cru	2,59	11,21	2,04
Avocat, Floride, cru	1,76	4,87	1,48
Barre granola, beurre d'arachide, enrobée de chocolat, molle	17,01	6,54	1,90
Barre granola, brisures de chocolat et guimauve, molle	9,18	2,92	2,55

* Source: Valeur nutritive de quelques aliments usuels, Santé Canada, (1999)
© Reproduit avec la permission du Ministre des Travaux publics et Services gouvernementaux Canada, 2004.

	Saturés	Mono	Poly
Barre granola, noix et raisins, molle	9,54	4,22	5,52
Barre granola, nature, dure	2,37	4,38	12,05
Barre granola, nature, molle	7,24	3,81	5,32
Bâtonnets aux graines de sésame, salés	6,48	10,91	17,42
Beigne à la levure, fourré de gelée	4,76	10,56	2,35
Beigne nature, glacé au chocolat	8,35	17,18	3,74
Beurre	50,49	23,43	3,01
Beurre d'arachide, crémeux, matières grasses, sucre et sel ajoutés	10,34	24,28	13,91
Beurre d'arachide, nature	7,14	25,71	16,43
Beurre de sésame, tahini	7,53	20,30	23,56

BISCUITS

	Saturés	Mono	Poly
Biscuit à la poudre à pâte, nature ou babeurre, restaurant-minute	11,81	4,60	0,70
Biscuit à la poudre à pâte, préparation commerciale, nature ou babeurre, cuit	2,79	4,21	4,31
Biscuit à la poudre à pâte, réfrigéré, multigrain, cuit	1,60	3,46	0,98
Biscuit à l'avoine, avec ou sans raisins secs, commercial	3,33	10,39	2,72
Biscuit à la guimauve, enrobé de chocolat	4,68	9,48	1,97
Biscuit au sucre, commercial	5,42	11,75	2,68

	Saturés	Mono	Poly
Biscuit aux brisures de chocolat, commercial	7,80	11,46	2,24
Biscuit en forme d'animaux, à l'arrow-root ou sec	3,47	7,73	1,82
Biscuit sabl é, maison avec beurre	20,52	9,53	1,45
Biscuit sandwich au chocolat	4,15	11,83	2,69
Croquant au sésame	4,46	12,57	14,58
Macaron à la noix de coco, maison	11,24	0,55	0,14
BOEUF			
Bifteck d'aloyau, maigre, grillé	4,24	4,25	0,40
Bifteck d'intérieur de ronde, maigre, grillé	1,32	1,50	0,18
Bifteck de contre- filet, maigre, grillé	3,47	3,65	0,29
Bifteck de côte, maigre, grillé	4,72	4,64	0,44
Bifteck de flanc, maigre, grillé	4,43	4,13	0,41
Bifteck de haut de surlonge, maigre, grillé	2,58	2,83	0,26
Bifteck de noix de ronde, maigre, grillé	2,83	3,32	0,25
Boeuf à ragoût, maigre, mijoté	2,29	2,63	0,25
Boeuf haché, maigre, sauté, à point	5,66	6,31	0,54
Boeuf salé, pointe de poitrine, cuit	3,53	5,14	0,37
Rôti d'extérieur de ronde, maigre, rôti	2,97	3,94	0,34

	Saturés	Mono	Poly
Rôti de côtes croisées, maigre, à couvert	4,10	4,73	0,44
Rôti de côtes, maigre, rôti	4,28	4,55	0,32
Rôti de croupe, maigre, rôti	2,74	3,33	0,33
Rôti de palette, maigre et gras, à couvert	7,08	7,68	0,64
Rôti de pointe de surlonge, maigre, rôti	3,05	3,45	0,35
Bâtonnet au boeuf	5,86	5,32	0,58
Ragoût de boeuf	0,74	0,76	0,13

BOISSONS À BASE DE LAIT

	Saturés	Mono	Poly
Babeurre	0,55	0,25	0,03
Lait au chocolat, 2 % M. G.	1,24	0,59	0,07
Lait au chocolat, poudre aromatisée (Quik MC) et lait 2 %	1,26	0,60	0,14
Lait au chocolat, sirop au chocolat et lait 2 %	1,12	0,53	0,07
Substitut de café (Ovaltine MC), préparé avec du lait	2,06	0,96	0,14
Lait de poule, 7 % M. G.	4,44	2,23	0,34
Lait concentré, partiellement écrémé, en conserve, non dilué, 2 % M. G.	1,22	0,62	0,07
Chocolat chaud, préparation commerciale plus eau	0,86	0,47	,04

	Saturés	Mono	Poly
Déjeuner instantané, préparation commerciale plus lait 2 %	1,08	0,55	0,16
Lait malté, poudre à saveur naturelle et lait 2 %	1,23	0,57	0,10
Lait frappé, à la vanille	1,89	0,88	0,11
Lait concentré sucré, en conserve	5,49	2,43	0,34
Lait partiellement écrémé, 2 % M. G.	1,20	0,56	0,07
Boisson de soja	0,21	0,33	0,83
Poudre de lait entier	16,74	7,92	0,67
Lait entier, 3,3 % M. G.	2,08	0,97	0,12
Burrito au boeuf	4,75	3,37	0,39
Canard domestiqué, chair, rôti	4,17	3,70	1,43
Caramel au beurre, maison	20,42	9,47	1,22
Caramels	6,58	0,84	0,18
Carré au chocolat, commercial	4,33	8,45	2,57
Chapelure, nature	1,26	2,09	1,55
Chili con carne	1,36	1,35	0,21
Chocolat à cuire, mi-sucré, brisures ou tablettes	17,75	9,97	0,97
Colorant à café, en poudre	32,53	0,97	0,01
Courgettes, panées, frites	4,35	4,73	0,96

	Saturés	Mono	Poly
CRAQUELINS			
Craquelins au fromage	9,38	9,00	4,84
Craquelins au lait	3,09	8,72	2,27
Craquelins de blé entier	3,08	9,49	2,69
De type standard (Ritz ᴹᶜ)	4,85	10,76	8,28
Crème à fouetter, 35 % M. G.	21,81	10,17	1,21
Crème à la banane instantanée, (pouding), apprêtée au lait 2 %	1,01	0,48	0,12
Crème à la banane, (pouding), prête à manger	0,56	1,53	1,33
Crème à la noix de coco instantanée, (pouding), apprêtée au lait 2 %	1,37	0,62	0,19
Crème à la vanille instantanée, (pouding), apprêtée au lait 2 %	1,01	0,50	0,10
Crème à la vanille, (pouding), prête à manger	0,57	1,54	1,34
Crème au chocolat instantanée, (pouding), apprêtée au lait 2 %	1,10	0,58	0,13
Crème au chocolat, (pouding), prête à manger	0,71	1,70	1,43
Crème au citron instantanée, (pouding), apprêtée au lait 2 %	1,01	0,50	0,10
Crème caramel, instantanée, apprêtée au lait 2 %	1,10	0,50	0,07

	Saturés	Mono	Poly
Crème de table, 18 % M. G.	11,21	5,20	0,67
Crème glacée à la vanille	6,79	3,17	0,41
Crème glacée à la vanille, riche	9,97	4,66	0,60
Crème glacée au chocolat	6,80	3,21	0,41
Crème sure, 14 % M. G.	8,72	4,05	0,52
Crêpe de pomme de terre, maison avec oeuf, oignon, farine, margarine et sel	3,04	4,64	6,54
Crêpe nature, préparation commerciale plus lait, oeuf et huile, cuite	2,05	2,07	2,92
Creton	6,33	7,93	1,84
Croissant au beurre	11,72	5,71	1,31
Croustade aux pommes, maison	0,72	1,53	1,06
Croustilles de maïs, nature (Fritos ᴹᶜ)	4,55	9,66	16,48
Croustilles de pommes de terre déshydratées (Pringles ᴹᶜ)	9,45	7,27	19,98
Croustilles à saveur de barbecue	8,05	6,54	16,37
Croustilles nature	4,20	19,36	9,60
Croustilles, tortilla, nature	5,02	15,45	3,63
Danoise à la cannelle	5,74	12,47	2,87
Dinde en flocons, en conserve	2,39	2,70	2,09
Dinde hachée, cuite	3,39	4,89	3,23
Dinde, chair blanche (poitrine), rôtie	0,93	0,51	0,78
Dinde, chair brune, rôtie	2,34	1,58	2,09
Éclair au chocolat, fourré à la crème pâtissière, maison	4,12	6,48	3,95

	Saturés	Mono	Poly
Farce, préparation commerciale, apprêtée	1,73	3,81	2,60
Farine de blé, à grains entiers	0,32	0,23	0,78
Farine de blé, à pain	0,24	0,14	0,73
Farine de sarrasin	0,68	0,95	0,95
Fèves au lard, en conserve, avec porc	0,56	0,63	0,19
Figues, séchées, non cuites	0,23	0,26	0,56
Flocons d'avoine, secs	1,20	2,13	2,50
Foie de boeuf, sauté	2,67	1,62	1,71
Foie de poulet, mijoté, en dés	1,84	1,34	0,90
Foie de veau, sauté, en dés	4,23	2,45	1,80
Fondue au fromage	8,72	3,56	0,48
FROMAGE			
Bleu	18,67	7,78	0,80
Brick	18,76	8,60	0,78
Brie	17,41	8,01	0,83
Camembert	15,26	7,02	0,72
Cheddar	21,09	9,39	0,94
Cheddar fondu à tartiner (Cheez Whiz MC)	13,33	6,22	0,62
Cheddar fondu, en tranches minces	15,44	7,21	0,72
Cottage (2 % M. G.)	1,22	0,55	0,06
Edam	17,57	8,13	0,67
Féta	15,45	4,78	0,61
Fromage à la crème	21,97	9,84	1,27

	Saturés	Mono	Poly
Fromage de chèvre, pâte molle (21 % M. G.)	14,58	4,81	0,50
Gouda	17,97	7,91	0,67
Gruyère	18,91	10,04	1,73
Mozzarella, râpé (22,5 % M. G.)	13,69	6,84	0,80
Parmesan, râpé	19,07	8,73	0,66
Ricotta, fait de lait entier	8,30	3,63	0,39
Romano, râpé	17,12	7,84	0,59
Suisse (Emmental)	17,78	7,27	0,97
Suisse, fondu, en tranches minces	15,49	6,80	0,60

GÂTEAUX

	Saturés	Mono	Poly
Gâteau au chocolat (du diable, fudge), préparation commerciale, apprêtée	2,69	4,72	3,53
Gâteau au chocolat, commercial, glaçage au chocolat	4,64	8,99	1,91
Gâteau au fromage, commercial	11,51	7,75	1,38
Gâteau aux bananes, maison, avec margarine	2,24	4,48	3,13
Gâteau aux carottes, maison, glaçage au fromage à la crème	4,89	6,53	13,60
Gâteau aux fruits, commercial	1,12	4,17	3,32
Gâteau blanc, préparation commerciale, apprêtée, sans glaçage	1,16	3,22	2,90
Gâteau Boston, commercial	2,54	4,43	1,01

	Saturés	Mono	Poly
Gâteau danois à la cannelle avec garniture, commercial	5,76	13,19	2,86
Gâteau danois à la cannelle avec garniture, préparation commerciale, apprêtée	1,86	3,85	3,17
Gâteau doré, préparation commerciale, apprêtée, sans glaçage	1,61	3,87	3,20
Gâteau éponge, maison	1,30	1,58	0,65
Gâteau marbré, genre pouding, préparation commerciale, apprêtée, sans glaçage	3,32	5,45	7,41
Gâteau quatre- quarts, commercial avec beurre	11,12	5,58	1,09
Gâteau sablé à la poudre à pâte, maison	3,77	6,05	3,63
Glaçage à la vanille, crémeux, préparation commerciale et margarine	3,29	6,77	5,73
Glaçage au chocolat, crémeux, prêt à manger	5,53	9,02	2,13
Glaçage maison	1,75	3,37	2,31
Pain d'épices, préparation commerciale	2,60	5,60	1,34
Gaufre nature, congelée, prête à griller	1,37	3,05	2,64
Gaufre nature, préparation commerciale, cuite	2,25	3,60	6,90

	Saturés	Mono	Poly
Graines de citrouille et de courge, rôties à l'huile, écalées	7,97	13,10	19,21
Graines de lin	3,20	6,87	22,40
Graines de sésame, séchées	7,76	20,69	24,01
Graines de tournesol, rôties à sec, sel ajouté, écalées	5,22	9,51	32,88
Grignotines de maïs, à saveur de fromage (Cheetos ^{MC})	6,59	20,28	4,76
Grignotines, noix et fruits séchés	5,55	12,53	9,65
Hamburger au fromage, une galette, nature	6,34	5,66	1,51
Hamburger, galette double, condiments et légumes	4,65	4,57	1,24
Hot-dog, nature	5,21	6,99	1,74
HUILES			
Huile d'arachide	16,90	46,20	32,0
Huile d'olive	13,50	73,70	8,40
Huile de canola	7,10	58,90	29,60
Huile de maïs	12,70	24,20	58,70
Huile de sésame	14,20	39,70	41,70
Huile de soja	14,40	23,30	57,90
Huile de tournesol	10,30	19,50	65,70

	Saturés	Mono	Poly
Hummus	2,38	10,17	4,16
Lait glacé à la vanille	1,63	0,76	0,10
Langue de boeuf, mijotée	8,93	9,47	0,78
Macaroni au fromage (Kraft dinner [MC])	2,04	4,10	1,74
Maïs soufflé, à l'huile	4,89	8,17	13,42
Maïs soufflé, à saveur de fromage	6,41	9,70	15,37
Maïs soufflé, enrobé de caramel	3,61	2,88	4,48

	Saturés	Mono	Poly
MARGARINES			
Becel MC, molle, huiles de canola et de linola	11,16	33,94	31,63
Becel MC, teneur réduite en énergie, molle, huiles de canola et de linola	5,38	16,36	15,25
Chef Master MC, molle, huile de soja	13,78	32,40	30,20
Impérial MC, molle, huiles de canola et de soja	10,00	48,79	18,47
Lactancia MC, molle, huile de soja	14,55	31,48	30,60
Mélange (20 % beurre/80 % margarine)	21,58	47,17	8,02
Mélange (50 % beurre/50 % margarine)	31,90	39,94	5,18
Parkay MC, dure, huiles de soja et de canola	13,78	47,64	15,30
Mousse au chocolat, maison	9,18	5,09	0,84
Muffin au son, préparation commerciale	2,36	4,68	1,44
Muffin aux bleuets, commercial	1,25	2,45	2,04
Nachos au fromage	6,89	7,07	1,98
Noix d'acajou, rôties à sec, sel ajouté	9,16	27,32	7,84
Noix de coco, desséchée, non sucrée	57,22	2,75	0,71
Noix de coco, desséchée, sucrée, râpée	31,47	1,51	0,39
Noix de Grenoble, séchées	5,59	14,18	39,13
Noix de macadam, rôties à l'huile, sel ajouté	11,46	60,38	1,32

97

	Saturés	Mono	Poly
Noix du Brésil, séchées	16,15	23,02	24,13
Noix mélangées, rôties à sec	6,90	31,40	10,77
Noix mélangées, rôties à sec, sel ajouté	8,73	31,70	13,30
Nouilles aux oeufs, cuites	0,31	0,43	0,41
Nouilles chinoises (chow mein), non cuites	4,38	7,69	17,33
Oeuf brouill é au lait 2 % et margarine	3,46	5,34	1,93
Oeuf cuit dur (ou cru)	3,27	4,08	1,41
Oie domestiquée, chair, rôtie	4,56	4,34	1,54
Olives en conserve, super colossales	0,91	5,07	0,59
Pacanes, séchées	5,42	42,16	16,75
Pain à hamburger ou à hot-dog, nature	1,20	2,49	0,91
Pain doré, maison, avec lait 2 % et margarine	2,72	4,52	2,59
Pastrami à la dinde	1,81	2,05	1,59
Pastrami au boeuf, tranché mince	11,46	60,38	1,32
Pâté à la dinde, commercial	3,58	6,26	0,89
Pâté au boeuf, commercial	3,00	6,00	1,00
Pâté au poulet, commercial	5,78	11,55	1,93
Pâté de foie, en conserve	9,57	12,36	3,16
Pâte feuilletée, congelée, cuite	5,50	8,83	22,23
Pepperoni au porc et boeuf	16,13	21,11	4,37
Petit pain mollet nature	1,75	3,72	1,22
Pignons, séchés	7,80	19,08	21,34

	Saturés	Mono	Poly
Pistaches, rôties à sec, sel ajouté, écalées	6,69	35,66	7,99
Pizza au fromage	2,45	1,57	0,78
Pizza au fromage, viandes et légumes	1,94	3,22	1,16
Pizza au pepperoni	3,15	4,42	1,64

POISSONS ET CRUSTACÉS

	Saturés	Mono	Poly
Anchois, en conserve dans l'huile, égouttés	2,20	3,77	2,56
Bar, espèces diverses, rôti ou grillé	1,00	1,84	1,36
Barbue de rivière, rôtie ou grillée	0,74	1,10	0,64
Beignet de palourdes	3,99	6,02	3,05
Caviar, en grains	4,06	4,64	7,41
Crevettes, panées et frites	2,09	3,81	5,09
Flétan de l'Atlantique et du Pacifique, rôti ou grillé	0,42	0,97	0,94
Grand corégone, espèces diverses, rôti ou grillé	1,16	2,56	2,76
Hareng de l'Atlantique, fumé et salé	2,79	5,11	2,92
Huîtres, bouillies ou cuites à la vapeur	1,54	0,63	1,94
Huîtres, en conserve, chair et liquide	0,63	0,25	0,74
Maquereau de l'Atlantique, rôti ou grillé	4,18	7,01	4,30

	Saturés	Mono	Poly
Moules, bleues, bouillies ou cuites à la vapeur	0,85	1,01	1,21
Poisson en bâtonnets, congelé, réchauffé	3,15	5,07	3,17
Sardines de l'Atlantique, en conserve dans l'huile, égouttées avec arêtes	1,53	3,87	5,15
Sardines du Pacifique, en conserve dans sauce tomate, égouttées avec arêtes	3,09	5,54	4,30
Saumon coho d'élevage, rôti ou grillé	1,94	3,62	1,96
Saumon de l'Atlantique, rôti ou grillé	1,26	2,70	3,26
Saumon keta, poché	0,69	0,92	0,88
Saumon rose, en conserve, chair, arêtes et liquide, salé	1,65	2,74	2,64
Saumon rose, rôti ou grillé	0,72	1,20	1,73
Saumon Sockeye, en conserve, chair, arêtes et liquide, sans sel	2,33	4,39	2,88
Saumon Sockeye, rôti ou grillé	1,92	5,29	2,41
Thon blanc, en conserve dans l'huile, égoutté, salé	1,65	2,48	3,38
Truite, espèces diverses, rôtie ou grillée	1,47	4,17	1,92
Vivaneau, espèces diverses, rôti ou grillé	0,37	0,32	0,59

	Saturés	Mono	Poly
Pois chiches (garbanzo), en conserve, solides et liquide	0,12	0,26	0,51
Pommes de terre, déshydratées, en flocons, préparées avec lait et beurre	3,43	1,58	0,25
Pommes de terre, en escalope, maison	2,26	1,04	0,17
Pommes de terre, en purée, maison, au lait 2 % et beurre	2,71	1,25	0,20
Pommes de terre, frites, congelées, cuites dans l'huile au restaurant	3,20	2,10	4,83
Pommes de terre, frites, congelées, réchauffées au four	1,26	4,76	0,78
Pommes de terre, rissolées, congelées, nature, réchauffées	4,49	5,14	1,33
PORC			
Bacon, porc, grillé, sauté ou rôti	17,42	23,69	5,81
Côtes lev ées de dos, maigre, sautées	5,25	6,86	1,91
Cuisse, croupe, maigre, rôtie	2,87	3,77	0,76
Filet de longe, maigre, rôti	1,24	0,31	1,44
Jambon en flocons, en conserve	2,47	3,60	0,81
Jambon désossé maigre (5 % gras), rôti	1,78	2,58	0,53
Longe, bout du filet, maigre et gras, rôtie	5,69	7,02	1,38

	Saturés	Mono	Poly
Longe, coupe du milieu, maigre, rôtie	2,52	3,02	0,54
Porc haché, cuit	7,72	9,25	1,87
Rôti de filet de longe, maigre et gras, rôti	4,17	5,29	0,79
Simili éclats de bacon	2,62	7,10	
15,44			
Soc de porc roulé, maigre et gras, rôti	1,75	2,30	0,52
Pouding au pain avec raisins secs, maison	2,29	2,15	0,95

POULET

	Saturés	Mono	Poly
Poulet à bouillir, chair blanche et brune, en ragoût	3,10	4,05	2,83
Poulet à griller, aile, chair et peau, rôti	5,45	7,64	4,14
Poulet à griller, pilon, chair, rôti	1,82	2,30	1,68
Poulet à griller, poitrine, chair et peau, rôti	2,46	3,40	1,86
Poulet à griller, poitrine, chair, rôti	0,58	0,72	0,44
Poulet à rôtir, chair blanche, rôti	1,08	1,52	0,93
Poulet à rôtir, chair brune, rôti	1,91	2,60	1,57
Poulet en flocons, en conserve	2,85	4,08	2,27
Poulet, pané et frit, désossé, nature	5,44	8,53	2,20
Riz au lait, pr éparation commerciale			

	Saturés	Mono	Poly
avec du lait 2 %	1,01	0,45	0,06
Rognon de boeuf, mijoté, en dés	1,09	0,74	0,74
Rondelles d'oignon, panées, congelées, réchauffées	8,59	10,87	5,11
Saindoux	40,00	45,10	11,20
Salade de pommes de terre	1,43	2,48	3,74
Salade de thon	1,54	2,89	4,12
Salami au boeuf et porc	8,05	9,15	2,01
Salami sec au boeuf et porc	10,29	14,42	2,71
Sandwich à déjeuner, oeuf et saucisse	8,32	9,11	2,47
Sandwich au jambon, oeuf et fromage	5,18	4,02	1,18
Sandwich au poisson pané, sauce tartare	3,31	4,87	5,22
Sandwich au poulet, nature	4,69	5,72	4,61
Sandwich au rôti de boeuf, nature	2,59	4,90	1,23
Sauce béchamel, maison, au lait 2 %, consistance moyenne	2,85	4,42	2,86
Saucisse au porc et boeuf, cuite	12,96	17,18	3,90
Saucisse au porc, cuite	7,15	9,19	2,52
Saucisse fumée à la dinde	5,89	5,58	5,00
Saucisse fumée au boeuf	9,43	10,66	1,08
Saucisse fumée au boeuf et porc	8,68	10,97	2,19
Saucisse fumée au poulet	5,60	8,58	4,09
Saucisse italienne au porc, cuite	9,03	11,95	3,28
Saucisse sur bâtonnet (Pogo)	2,95	5,21	2,00

	Saturés	Mono	Poly
Saucisse viennoise (cocktail), boeuf et porc, en conserve	9,28	12,55	1,68
Saucisson à la bière, porc	6,28	8,98	2,36
Saucisson d'été au boeuf	12,03	12,97	1,20
Saucisson de bologne, boeuf et porc (0,3 cm x 10 cm diam.)	8,48	10,61	1,90
Saucisson de bologne, dinde	3,89	3,69	3,30
Saucisson de foie de porc	11,26	14,17	2,76
Saucisson Kielbasa (Kolbassa), porc et boeuf	5,59	7,29	1,74
Shortening, huiles végétales non spécifiées	26,10	42,73	21,13
Soja, sec, bouilli	1,30	1,98	5,06
Son d'avoine	1,33	2,38	2,77
SOUPES			
Boeuf (chunky), prêtes à servir	1,06	0,89	0,09
Chaudrée de palourdes, Manhattan, diluées avec de l'eau	0,16	0,16	0,53
Chaudrée de palourdes, Nouvelle-Angleterre, diluées avec du lait 2%	0,74	0,71	0,41
Crème de champignons, diluées avec du lait 2%	1,63	1,00	1,83

	Saturés	Mono	Poly
Crème de tomates, diluées avec du lait 2%	0,74	0,45	0,42
Légumes et boeuf, diluées avec de l'eau	0,35	0,33	0,05
Minestrone, diluées avec de l'eau	0,23	0,29	0,46
Pois cassés et jambon, (chunky), prêtes à servir	0,66	0,68	0,24
Poulet et légumes (chunky), prêtes à servir	0,60	0,90	0,42
Poulet et nouilles, diluées avec de l'eau	0,27	0,46	0,23
Tomates, diluées avec de l'eau	0,15	0,18	0,39
Végétarienne aux légumes, diluées avec de l'eau	0,12	0,34	0,30
Sous-marin, salade de thon	2,08	5,24	2,85
Sous-marin, viandes froides	2,99	3,61	1,00
Spaghetti à la sauce tomate et boulettes de viande, en conserve	0,86	1,30	1,57
Succédané d'oeuf, congelé	1,93	2,44	6,24
TABLETTES DE CHOCOLAT			
Arachides enrobées de chocolat au lait	14,60	12,92	4,33
Beurre d'arachide enrobé de chocolat (Snickers MC)	10,11	8,74	2,98
Chocolat au lait en tablette ou brisures (Hershey Kiss MC, Symphony MC)	18,48	9,97	1,06

	Saturés	Mono	Poly
Chocolat au lait et céréales (Nestle Crunch ᴹᶜ)	14,36	9,53	1,00
Fudge, caramel, arachides, enrobés de chocolat (Oh Henry ᴹᶜ , Butternut ᴹᶜ)	6,72	6,67	2,72
Gaufrettes enrobées de chocolat (Kit Kat ᴹᶜ, Take Five ᴹᶜ)	16,90	7,69	0,81
Moules au beurre d'arachide (Reese's ᴹᶜ)	14,19	9,72	3,89
Noix de coco enrobée de chocolat (Mounds ᴹᶜ, Almond Joy ᴹᶜ)	11,52	6,65	0,76
Nougat enrobé de chocolat (Mars ᴹᶜ)	7,79	6,02	0,60
Taco préparé	6,65	3,85	0,56
Taco, coquille cuite au four	3,36	9,48	8,61
Tapioca au lait, prêt à manger	0,60	1,58	1,36

TARTES

	Saturés	Mono	Poly
Chausson aux fruits (pommes, bleuets, pêches, fraises)	2,41	7,45	5,40
Croûte à tarte, biscuits graham, maison, cuite	5,92	11,37	6,91
Croûte à tarte ordinaire, maison avec shortening, cuite	8,62	15,17	9,12

	Saturés	Mono	Poly
Tarte à la citrouille, commerciale	2,02	5,01	1,60
Tarte à la crème aux bananes, préparation commerciale sans cuisson	6,93	4,18	0,70
Tarte au citron avec meringue, commerciale	1,55	3,63	2,89
Tarte au mincemeat, maison, 2 croûtes	2,68	4,65	2,84
Tarte aux pacanes, commerciale	3,76	10,74	2,97
Tarte aux pommes, commerciale, 2 croûtes	2,11	5,93	2,08
Tartelette à griller (pop- tarts MC), fruits (pommes, bleuets, cerises, fraises)	1,53	4,12	3,86
Tartelette à griller (pop- tarts MC), cassonade et cannelle	3,60	7,98	1,85
Tofu, ferme, préparé avec du chlorure de magnésium	1,26	1,93	4,92
Tofu, ordinaire, pr éparé avec du chlorure de magnésium	0,69	1,06	2,70
Tomate, sauce à spaghetti, en conserve	0,68	2,44	1,31
Tortilla de blé	1,10	2,88	2,79
Tostada au boeuf et fromage	6,38	2,05	0,60
Tourti ère, commerciale	5,48	6,33	1,69

	Saturés	Mono	Poly
Veau à ragoût, maigre, braisé	1,30	1,39	0,45
Veau haché, grillé	3,04	2,84	0,55
Veau, rôti d' épaule, maigre, rôti	2,50	2,40	0,53
Veau, rôti de longe, maigre, rôti	2,58	2,49	0,57
Veau, tranche de cuisseau, maigre et gras, rôtie	1,84	1,73	0,35

VINAIGRETTES

	Saturés	Mono	Poly
Au fromage bleu	3,50	27,30	16,40
César crémeuse	8,57	12,86	30,00
César crémeuse, réduite en calories	2,14	10,71	5,00
Italienne	4,90	38,30	23,00
Mille Îles	2,40	19,50	11,70
Mille Îles, réduite en calories	1,10	8,20	4,90
Ranch	5,00	37,14	18,57
Ranch, réduite en calories	1,43	10,00	5,00

	Saturés	Mono	Poly
Yogourt glacé à la vanille, mou	3,42	1,59	0,21

Livres à consulter
en alimentation et en santé

220 recettes selon les bonnes combinaisons alimentaires, par Lucile Martin-Bordeleau, Édimag.

Les bonnes combinaisons alimentaires, par Lucile Martin-Bordeleau, Édimag.

Vitamines et minéraux, par Lucile Martin-Bordeleau, Édimag.

Le guide alimentaire anti-âge, La Fondation pour l'avancement de la recherche anti-âge.

Commandez notre catalogue
et recevez, en plus,

UN LIVRE CADEAU
AU CHOIX DU DÉPARTEMENT DE L'EXPÉDITION
et de la documentation sur nos nouveautés * .

Remplissez et postez ce coupon à
LIVRES À DOMICILE 2000, C.P. 325,
Succursale Rosemont, Montréal (Québec) CANADA   H1X 3B8

LES PHOTOCOPIES ET LES FAC-SIMILÉS NE SONT PAS ACCEPTÉS.
COUPONS ORIGINAUX SEULEMENT.

Allouez de 3 à 6 semaines pour la livraison.

* En plus de recevoir le catalogue, je recevrai un livre au choix du département de l'expédition. / Offre valable pour les résidants du Canada et des États-Unis seulement. / Pour les résidents des États-Unis d'Amérique, les frais de poste sont de 11 \$. / Un cadeau par achat de livre et par adresse postale. / Cette offre ne peut être jumelée à aucune autre promotion. / Certains livres peuvent être légèrement défraîchis. **LE CHOIX DU LIVRE CADEAU EST FAIT PAR NOTRE DÉPARTEMENT DE L'EXPÉDITION. IL NE SERT À RIEN DE NOUS INDIQUER UNE PRÉFÉRENCE.**

Bien contrôler son poids par une bonne alimentation (#498)

Votre nom: ....

Adresse: ....

....

Ville: ....

Province/État ....

Pays: ....Code postal: ....

Date de naissance: ....

Bien contrôler son poids par une bonne alimentation (#498)

Bien contrôler son poids par une bonne alimentation (#498)

Bien contrôler son poids par une bonne alimentation (#498)